ro
ro
ro

Christoph Drösser, geboren 1958, studierte in Bonn Mathematik und Philosophie. Er arbeitet als Redakteur im Ressort Wissen der *ZEIT*. Bei der *ZEIT* rief er 1997 die Kolumne «Stimmt's?» ins Leben und löste damit eine bis heute ungebrochene Fragenflut aus. Im Rowohlt Taschenbuch Verlag erschienen noch drei weitere Bände «Stimmt's?» mit modernen Legenden im Test (rororo 60728, 61489 und 62064), außerdem «Das Lexikon der Wetterirrtümer» (rororo 62157) sowie für clevere Kids ein «Stimmt's?»-Band und «Wie groß ist unendlich?» (rororo 21163 und 21311).

Marcus Weimer, geboren 1963, studierte an der Fachhochschule für Gestaltung in Hamburg. Als Rattelschneck arbeitet er gemeinsam mit Olav Westphalen für *Titanic*, *DIE ZEIT*, *tip Berlin*, *nv: The Nordic Art Review* und fürs Fernsehen. Er illustrierte noch drei weitere «Stimmt's?»-Bände.

Christoph Drösser

Stimmt's?

Moderne Legenden im Test – Folge 2

Mit Illustrationen von Rattelschneck

Rowohlt Taschenbuch Verlag

rororo science
Lektorat Angelika Mette

4. Auflage September 2006

Originalausgabe
Veröffentlicht im Rowohlt Taschenbuch Verlag,
Reinbek bei Hamburg, Mai 2000

Umschlaggestaltung Barbara Hanke
Illustration Rattelschneck
Satz Minion PostScript, QuarkXPress 4.0
Gesamtherstellung Clausen & Bosse, Leck
Printed in Germany
ISBN 13: 978 3 499 60933 6
ISBN 10: 3 499 60933 9

Inhalt

Vorwort

«So wird man vom Autor zum Briefkastenonkel», schrieb ich in meinem Vorwort zum ersten «Stimmt's?»-Band. Inzwischen habe ich mich an die Rolle ganz gut gewöhnt. Tausende von Lesern stellen jedes Jahr ihre Fragen, von denen ich nur einen Bruchteil für die Beantwortung in der wöchentlichen *ZEIT*-Kolumne auswählen kann. Inzwischen gibt es auch im Internet ein Stimmt's?-Forum (unter www.debatte.zeit.de), in dem die Teilnehmer Fragen stellen, aber auch beantworten können.

Der Charakter dieses zweiten «Stimmt's?»-Buches unterscheidet sich ein bisschen von dem des ersten. Dort stehen die Antworten auf die «klassischen» Fragen, die ich heute noch wöchentlich in meinem Postfach finde: Hält der Silberlöffel im Flaschenhals den Sekt frisch? Hat die Coriolis-Kraft einen Einfluss auf die Richtung des Badewannenstrudels?

Die Fragen in diesem Buch sind dagegen etwas spezieller, und sicher gibt es Leserinnen und Leser, die sich die eine oder andere noch nie gestellt haben. Meine Auswahl ist immer streng subjektiv, nach dem Motto: «Genau, das wolltest du auch schon immer wissen» – aber trotzdem halte ich an meiner Definition der idealen «Stimmt's?»-Frage fest, die ich im ersten Band gegeben habe: eine einfache Weisheit, von der fast jeder schon einmal gehört hat, die aber selbst Professoren des einschlägigen Fachgebietes ins Grübeln bringen kann. Wie lange der Vorrat an solchen Fragen reicht, kann ich nicht vorhersagen. Vorerst ist kein Ende abzusehen – wem die ersten beiden Bücher gefallen haben, der kann sich also berechtigte Hoffnungen machen. Fragen und Anregungen nehme ich weiterhin gern entgegen (wenn Sie einen Internet-Zugang haben, am besten unter der Adresse: stimmts@zeit.de).

Mein Dank gilt allen in diesem Buch nicht genannten Leserinnen und Lesern, die mich mit ihren Fragen zum Grübeln und Forschen angeregt haben. Und Carla Sass bei der *ZEIT*, die jede Woche über den Postberg im «Stimmt's?»-Fach stöhnt, aber trotzdem gewissenhaft dafür sorgt, dass jeder Briefschreiber eine Antwort bekommt.

Hamburg, im Januar 2000
Christoph Drösser

Kühe geben mehr Milch, wenn sie klassische Musik hören

Stimmt. Die Kuh ist ein empfindsames Tier. Fühlt sie sich nicht wohl, so gibt sie weniger Milch. Sie mag Zuwendung vom Menschen, auch das Ambiente im Stall ist wichtig. Rinderzüchter und -halter beschäftigten sich in den vergangenen Jahren zunehmend mit dem «Kuhkomfort». So konnte die Hülsenberg-Versuchsanstalt in Schleswig-Holstein den Milchertrag steigern, indem sie die Rindviecher auf Wasserbetten liegen ließ und sie mit angenehmer Musik beschallte.

Welche Musik besonders milchträchtig ist, darüber gibt es keine wissenschaftlich erhärteten Resultate. Obwohl das Thema nicht neu ist: Ein Leser berichtet mir, dass ihm in den zwanziger Jahren ein Medizin studierender Freund von einer Doktorarbeit mit dem Titel «Der Einfluss Wagnerscher Opernmusik auf die Milchproduktion bei Kuh und Ziege» erzählt hat. Im Jahr 1998 wollte es dann die Landesvereinigung der Milchwirtschaft Nordrhein-Westfalen genau wissen. Zum «Internationalen Tag der Milch» führte sie mit 180 Kühen auf drei Bauernhöfen einen Versuch durch: Zunächst wurde an einem «Kontrolltag», an dem es still blieb im Stall, die normale Milchproduktion der Tiere gemessen. An den nächsten vier Tagen wurden sie jeweils mit einem anderen Musikstil beschallt und der Milchertrag wurde mit dem des Kontrolltages verglichen. Die statistisch nicht signifikanten Ergebnisse variierten von Hof zu Hof, aber in der Summe gaben die Kühe tatsächlich bei Mozarts «Kleiner Nachtmusik» 0,6 Prozent mehr Milch und auch Guildo Horns Schlager regte die Drüsen an. Bei der Punkmusik der Toten Hosen («Hier kommt Alex») verringerte sich der Milchfluss. Auf Volksmusik standen die Rinder überhaupt nicht: Hörten sie «Herzilein» von den Wildecker Herzbuben, gaben sie 2,5 Prozent weniger Milch als am Kontrolltag.

Oboe spielen macht verrückt

Stimmt nicht. Oboisten müssen sich oft anhören, das Musizieren mit diesem schönen Instrument mache «verrückt» oder «blöd». Das ist aber ein Vorurteil.

Einer Oboe einen Ton zu entlocken ist gar nicht so leicht. Zunächst muss der Spieler sich nämlich sein Doppelrohrblatt selbst zurechtschnitzen. Und dann heißt es ganz schön pressen, um Luft zwischen die beiden Blättchen zu bekommen. Zwar ist der Druck im Mund dabei nicht so groß wie etwa beim Trompete spielen, aber der Oboist wird seine Luft nicht so schnell los: Bei ihm fließen nur 150 Milliliter Luft pro Sekunde durchs Instrument im Vergleich zu etwa 470 Millilitern beim Trompeter, wie eine physiologische Untersuchung ergeben hat, die 1964 im *Journal of Applied Physiology* veröffentlicht wurde. Dieser Luftstau kann – etwa bei einem längeren Solo – schon einmal dazu führen, dass der Kreislauf des Künstlers schlapp macht und ihm schwarz vor Augen wird, erzählt Hansjörg Schellenberger, Oboenvirtuose bei den Berliner Philharmonikern.

Über ernsthaftere Schäden gibt es keine gesicherten Erkenntnisse. Eckart Altenmüller, Professor für Musiker-Medizin an der Musikhochschule Hannover, schließt nicht aus, dass der ständige Druck über längere Zeit zu minimalen Gefäßschädigungen führen könnte, «die für die Kognition nicht gerade förderlich sind».

Schließlich sei noch erwähnt, dass noch niemand eine Studie über den Intelligenzquotienten von Oboisten im Vergleich mit anderen Musikern durchgeführt hat. Hansjörg Schellenberger jedenfalls meint: «Wer Oboe lernt, der ist von Haus aus schon verrückt.»

DER NACHBARJUNGE ZWANG MICH, RECHTSRUM ZU SCHWIMMEN. ER WUSSTE, RECHTSRUM "KRIEGE ICH DIE KURVE NICHT", STOßE STÄNDIG GEGEN DEN BECKENRAND.
IMMER SCHÖN IM UHRZEIGER-SINN...
HAHAHA
KIPP
PLATSCH

Der Mensch hat von Natur aus einen leichten Linksdrall

Stimmt. Die Beispiele dafür sind zahlreich: Nicht nur die Läufer im Stadion laufen immer links herum. Auch in den meisten Supermärkten ist der Kunden-Parcours gegen den Uhrzeigersinn angelegt (allerdings längst nicht in allen, wie mir in vielen Leserzuschriften beteuert wurde). In «Kundenlaufstudien» haben die Handelsketten herausgefunden, dass die Käufer sich bei diesem Drehsinn offenbar wohler fühlen und mehr Waren in den Einkaufswagen packen. Auf Partys bewegt sich der Strom der Gäste links herum. Dieselbe Richtung haben auch die Drehtüren dieser Welt. Und selbst wenn gar keine Orientierung vorgegeben ist, tendieren die meisten von uns nach links – deshalb geht der einsame Wanderer in der Wüste im Kreis.

Aber warum ist das so? Die meisten Menschen sind nicht nur Rechtshänder, sondern auch Rechtsfüßer und schreiten mit dem rechten Bein kräftiger aus als mit dem linken. Resultat: eine Linkskurve (übrigens ist das stärkere Bein in der Regel nicht etwa länger, sondern kürzer als das andere). Das sagt freilich noch nichts über Ursache und Wirkung: Führt diese Einseitigkeit zum Linksdrall? Oder sitzt der irgendwo anders, im Gehirn vielleicht, und lässt durchs ständige Linksrumlaufen ein Bein stärker werden?

Professor Onur Güntürkün von der Universität Bochum beschäftigt sich mit solchen Präferenzen. Er hat zum Beispiel herausgefunden, dass Föten schon von der 15. Woche an lieber am rechten Daumen lutschen als am linken. Auch im Tierreich gibt es solche «Händigkeiten»: «Bei Hühner- und Mäuseembryonen (und wahrscheinlich auch bei uns) bilden sich in den ersten Entwicklungstagen schon morphologische Asymmetrien aus», erzählt Güntürkün.

Dass es mehr Rechts- als Linkshänder gibt, scheint also kein kulturelles Phänomen zu sein, sondern irgendwie in unseren Genen zu stecken. «Ob das gleiche Spiel auch für die Beine zutrifft, ist unklar», sagt der Professor.

Man sollte Tiefkühlkost nach dem Auftauen nicht wieder einfrieren

Stimmt nicht. Ein typisches Beispiel dafür, dass ein gut gemeinter und sinnvoller Ratschlag, wenn er zu wörtlich genommen wird, zu absurdem Verhalten führen kann. Wer ein aufgetautes Stück Fleisch lieber zwei Tage im Kühlschrank aufbewahrt, weil es durchs Wiedereinfrieren gesundheitsschädlich werden könnte, gefährdet sich sogar eher.

Die entsprechenden Hinweise, die man auf allen europäischen Tiefkühlpackungen findet, sind nur als Warnung gedacht – und sollen vielleicht auch die Hersteller vor Schadenersatzforderungen bewahren. Denn anders als beim Kochen werden beim Einfrieren die Mikroorganismen, Bakterien oder Salmonellen, in der Nahrung nicht getötet. Sie fallen bei minus 18 Grad nur in Kältestarre und können nach dem Auftauen ihr übles Werk weiter tun. Essen, das schon «Antauschäden» hat (so heißt das in der Fachsprache), wird also durchs Einfrieren nicht wieder genießbar. Außerdem macht das mehrfache Auf- und Abtauen die Nahrungsmittel weder ansehnlicher noch vitaminreicher. Deshalb ist es sinnvoll, nur so viel aufzutauen, wie man wirklich essen will.

Für den Fall, dass man dann doch etwas ein zweites Mal einfrieren will, gibt der AID-Verbraucherdienst ein plausibles Kriterium: «Das Wiedereinfrieren ist aus hygienischer Sicht immer dann möglich, wenn die Frage: ‹Könnte das Lebensmittel jetzt zubereitet und/oder verzehrt werden?› mit einem uneingeschränkten Ja beantwortet werden kann.»

Keine Schneeflocke gleicht der anderen

Stimmt – bis zum Beweis des Gegenteils. Aber klären wir zuerst einmal, worüber wir reden: Eine Schneeflocke ist eigentlich ein Klumpen von vielen Schneekristallen. Und diese sechseckigen Sternchen sind wohl gemeint, wenn von der Formenvielfalt die Rede ist.

1922 schrieb der als «Schneeflocken-Mann» bekannt gewordene amerikanische Fotograf Wilson Bentley in der Zeitschrift *Popular Mechanics*: «Jede Schneeflocke ist von unendlicher Schönheit, die noch vergrößert wird durch das Wissen, dass der Forscher höchstwahrscheinlich niemals eine andere exakt gleiche finden wird.» Bentley studierte etwa 5000 Schneeflocken unter dem Mikroskop und bannte ihre Bilder auf fotografische Platten. Und tatsächlich – es waren keine zwei Gleichen dabei.

Andererseits: Der Zeitschrift *Canadian Geographic* entnehme ich die Schätzung, dass seit Anbeginn der Zeiten eine Sextillion Schneeflocken auf die Erde gefallen sind – eine 1 mit 36 Nullen. Das ist doch eine ganze Menge mehr als die Testmenge.

Je nach den Umweltbedingungen in der Atmosphäre können drei Sorten von Schneekristallen entstehen: sechseckige Plättchen, prismenförmige Stäbchen und die so genannten Dendriten – das sind die bekannten verzweigten Sternchen. Daneben gibt es die vielfältigsten Mischformen, etwa wenn aus einem Stäbchen noch kleine Bäumchen wachsen. Bei Stäbchen und Plättchen ist die Formenvielfalt sehr beschränkt und man würde durchaus manche Exemplare als gleich bezeichnen. Beschränken wir uns also auf die dritte Sorte, die «klassische» Schneeflocke. Sie entsteht bei Temperaturen zwischen –17 und –12 Grad, wenn sich Wassermoleküle aus der Dampfphase direkt an einen so genannten Kondensationskeim anlagern. Die stets sechsstrahlige

OH GOTT, GERD! DA TRĀGT EINE GENAU DAS GLEICHE WEISSRŌCKCHEN WIE ICH!

Symmetrie rührt von den Dipoleigenschaften des Wassers her. Und neue Moleküle lagern sich bevorzugt an den Ecken der Struktur ab, weil dort «die latente Umwandlungswärme am effektivsten abgegeben werden kann», wie die Atmosphärenforscherin Sabine Wurzler von der Uni Mainz erklärt. Es entsteht etwas, das die Mathematiker ein Fraktal nennen: An jeder Ecke entsteht ein Röhrchen, an dessen Ecken wieder kleinere Röhrchen entstehen – und so weiter, bis auf die Ebene der Moleküle.

Die Geschwindigkeit und die Richtung des Wachstums hängen von Temperatur und Luftfeuchtigkeit ab. So dokumentiert jeder Kristall sozusagen die «Geschichte» seiner Umweltbedingungen. Und weil zwei Flöckchen niemals zusammenbleiben, sind diese Bedingungen immer verschieden. Die Folge ist eine immense Formenvielfalt.

Canadian Geographic berichtet auch, dass eine Wissenschaftlerin des National Center for Atmospheric Research 1986 zwei «sehr ähnliche» Schneeflocken entdeckt habe. «Bei näherem Hinsehen wurden jedoch winzige Variationen in Struktur und Form entdeckt.» Die zwei gleichen Schneeflocken müssen also noch gefunden werden.

Letztlich steckt dahinter natürlich die fast schon philosophische Frage, wie ähnlich zwei Dinge sein müssen, damit wir sie als gleich bezeichnen. Geht man herunter bis zur Ebene der Atome, so gibt es wohl keine zwei gleichen Dinge auf dieser Welt – seien es zwei Rosen, zwei Fliegen oder zwei Sandkörner.

Auf dem Mount Everest kann man kein Ei kochen

Stimmt nicht. Auf dem Mount Everest siedet das Wasser bereits bei etwa 70 Grad. Das ist ein rein physikalisches Phänomen: Weil der Luftdruck dort oben geringer ist als auf Meereshöhe (nämlich nur etwa 0,3 Bar), brauchen die Wassermoleküle nicht so viel «Schwung», um in die Luft zu entweichen. Das bedeutet: Der Siedepunkt ist geringer.

Das Gerinnen des Eiklars (und auch des Eigelbs) dagegen ist ein chemisches Phänomen, nämlich die so genannte Denaturierung und Gerinnung der langen Eiweißketten. Und diese Reaktion ist kaum vom Druck abhängig – beim Eierkochen auf dem Mount Everest passiert also nichts anderes, als wenn man zu Hause das Eierwasser nur auf 70 Grad erhitzt.

Ein Experte für das, was mit Eiweiß unter unterschiedlichem Druck geschieht, ist Horst Ludwig vom Institut für Pharmazeutische Technologie und Biopharmazie der Universität Heidelberg. «Bei 70 Grad wird Eiklar zwar fest, aber wesentlich langsamer», sagt Ludwig. «Dieser Vorgang dürfte die Geduld eines Bergsteigers auf dem Mount Everest überfordern. Nach einer Stunde erhält er ein sehr, sehr weich gekochtes Ei. Nach anderthalb Stunden wird das Eiklar einem weich gekochten Ei vergleichbar, das Eigelb ist vergleichsweise fester.» So richtig hart wird das Ei wahrscheinlich nie.

Dass Eier auch bei Temperaturen unter 100 Grad gerinnen können, zeigt der Bericht eines Lesers aus der Frühzeit des Autofahrens. Er transportierte damals 24 frische Eier über die Autobahn, platziert auf dem Boden seines Beifahrersitzes. Die Heizung seines Käfers ließ sich nicht ausschalten und so fuhr er mit offenem Schiebedach. Nach dreieinhalbstündiger Fahrt waren die Eier direkt am Luftauslass hart gekocht.

MIT UMKEHRBRILLE
ACHTUNG LIMBOTÄNZER

Das Gehirn ist in der Lage, sich durch eine «Umkehrbrille» an das Bild der «Welt auf dem Kopf» zu gewöhnen

Stimmt. Sehen ist eben nicht nur eine «objektive» Projektion der Außenwelt ins Hirn – unser Denkapparat verarbeitet das Bild auf vielfältige Weise und kann sich auch erstaunlich flexibel an Veränderungen anpassen.

Die ersten Versuche mit Umkehrbrillen unternahm der Psychologe George Stratton schon im Jahr 1896. Er trug an drei aufeinander folgenden Tagen eine recht sperrige Konstruktion mit zwei Röhren, nachts waren die Augen total verbunden. So erlebte er seine Umgebung insgesamt 21,5 Stunden lang Kopf stehend. Seine Erfahrungen: zuerst vollständige Verwirrung. Dann schaffte er es, die verkehrten Bilder sozusagen zu «übersetzen», dachte aber noch «richtig herum». Erst in der dritten Phase schließlich stimmten visuelles Erleben und körperliches Empfinden völlig überein.

In den fünfziger Jahren haben vor allem die Psychologen Ivo Kohler und Theodor Erismann an der Universität Innsbruck ausgedehnte Versuche mit Umkehrbrillen gemacht. Sie berichteten, dass ihre Testpersonen nach sechs Tagen das Bild im Kopf vollständig umgedreht hatten und ganz normal sehen konnten. Wenn man die Brille dann abnahm, dauerte die Umgewöhnung übrigens nur wenige Minuten.

Die Forscher probierten auch Brillen aus, die rechts und links vertauschten. Nach einigen Wochen mit einer solchen Brille konnten die Probanden sogar mit dem Motorrad durch Innsbruck rasen.

Aber drehen die Versuchspersonen tatsächlich das Bild im Kopf um? Sehen sie die Welt nach ein paar Tagen wieder aufrecht? 1999 erschien eine Forschungsarbeit von einem Team um

David Linden vom Max-Planck-Institut für Hirnforschung in Frankfurt, die diese Behauptung in Zweifel zieht. Zwar gewöhnten auch ihre Probanden sich erstaunlich schnell an das umgedrehte Bild, aber keiner sprach von einem wirklich aufrechten Sehen, das sich eingestellt hätte. Die Forscher machten auch so genannte MRI-Aufnahmen vom visuellen Kortex der Versuchspersonen – eine Veränderung der Abbildung des von der Retina kommenden Bildes war nicht festzustellen. Auch beim Lesen hatten die Probanden noch Schwierigkeiten. Und schließlich lässt auch die schnelle Rückgewöhnung nach Meinung der Forscher nur den folgenden Schluss zu: Es stimmt, dass man sich sehr schnell an eine Umkehrbrille gewöhnen kann. Das ist aber lediglich ein Lerneffekt. Tatsächlich «umgedreht» wird das Bild im Kopf wohl nicht.

Kurz vor Sonnenuntergang kann man manchmal einen grünen Blitz beobachten

Stimmt. Man muss aber ziemliches Glück haben, um dieses Naturphänomen zu erleben, dem schon Jules Verne einen ganzen Roman («Le Rayon vert») gewidmet hat. Es kommt nämlich nur sehr selten vor und noch seltener hat jemand im entsprechenden Sekundenbruchteil eine Kamera zur Hand.

Trotzdem ist der grüne Blitz ein reales Phänomen und nicht etwa ein physiologisches Nachbild auf der Netzhaut. Das beweisen die Fotos, die es davon gibt.

Die physikalische Ursache: Weil die Atmosphäre nicht gleichmäßig dicht ist, sondern nach oben immer dünner wird, werden die Lichtstrahlen in ihr «verbogen». Deshalb wirkt zum Beispiel die Sonnenscheibe kurz vor dem Untergang meist etwas «platt gedrückt». Die verschiedenen Farben werden zudem unterschiedlich stark gebrochen – so gibt es unten an der Sonne einen roten Rand und oben einen grünblauen. Unter normalen Bedingungen ist diese feine Linie aber zu schmal, um sie mit bloßem Auge wahrzunehmen.

Bei bestimmten Schichtungen von warmer und kalter Luft kommt es aber nicht nur zu Brechungen, sondern auch zu Spiegelungen. Dann erscheint die Sonnenscheibe über dem Horizont eingekerbt und verzerrt. Unter diesen Bedingungen kann der grüne Rand im Moment des Sonnenuntergangs für kurze Zeit optisch in die Breite gezogen werden und wird für Sekundenbruchteile wie ein Blitz sichtbar.

Michail Gorbatschow sagte im Herbst 1989: «Wer zu spät kommt, den bestraft das Leben.»

Stimmt nicht. Jedenfalls ist das Zitat nicht in der Öffentlichkeit gefallen. Bei Jubiläen, wie kürzlich beim zehnten Jahrestag des Mauerfalls, erinnert man sich gern an die berühmten Sprüche – und muss oft feststellen, dass sie so nicht gefallen sind, wie etwa bei der Mondlandung (siehe Seite 129). Auch Gorbatschows Zitat wurde im Nachhinein wohl «begradigt». Ein Mitschnitt der «Aktuellen Kamera» des DDR-Fernsehens vom 5. Oktober 1989 zeigt, wie Gorbatschow auf dem Flughafen Berlin-Schönefeld von Erich Honecker zur 40-Jahr-Feier der DDR empfangen wird. Die Situation im Ostteil Deutschlands war damals gespannt: Überall in der DDR begehrten die Bürger auf und der Perestroika-Reformer Gorbatschow war für viele eine Leitfigur. Journalisten umringten den Staatsmann und wollten wissen, ob die Politik der Sowjetunion ein Vorbild für die DDR sein könnte. Der Dolmetscher kam kaum noch mit, die Antworten des sowjetischen Parteichefs zu übersetzen. Bei dieser Gelegenheit fiel dann der Satz: «Ich glaube, Gefahren warten nur auf jene, die nicht auf das Leben reagieren.»

So weit die etwas holprige, aber immerhin öffentlich dokumentierte Redewendung. In seinen Memoiren schreibt Gorbatschow, er habe zwei Tage später Honecker in einem Vieraugengespräch gesagt: «Das Leben verlangt mutige Entscheidungen. Wer zu spät kommt, den bestraft das Leben.» Vielleicht hat er tatsächlich zwei Tage an dem Spruch gefeilt, bis er schließlich griffig genug war. Nachprüfen kann man's nicht.

UNTER VIER AUGEN, HERR HONECKER: "FRÜHER VOGEL FÄNGT DEN WURM!"
VERSTEHE, HERR GORBATSCHOW.
ABER IN MEINEN MEMOIREN WIRD STEHEN: "DAS LEBEN VERLANGT MUTIGE ENTSCHEI-DUNGEN. WER ZU SPÄT KOMMT, DEN BESTRAFT DAS LEBEN."
DARF ICH IN MEINE MEMOIREN DAS MIT DEM WURM SCHREIBEN?

Die menschlichen Körperzellen erneuern sich alle sieben Jahre vollständig

Stimmt nicht. Viele unserer Körperzellen erneuern sich in regelmäßigen Perioden, aber längst nicht alle. Und diese Perioden sind sehr unterschiedlich. Hinter der Zahl von sieben Jahren steckt wohl der Hang des Volksmundes zur Zahlenmystik.

Wie unterschiedlich es um die Lebensdauer unserer Zellen bestellt ist, können ein paar Beispiele demonstrieren: Die weißen Blutkörperchen werden zum Teil nur wenige Stunden alt, während die roten immerhin 120 Tage durchhalten. Die Hautzellen an den Fußsohlen leben etwa 19 Tage. Knochenzellen sind dagegen extrem langlebig: Sie halten 25 bis 30 Jahre. Und die kleinen grauen Zellen im Gehirn erneuern sich fast gar nicht (in letzter Zeit hat es einige Experimente gegeben, bei denen Nervenzellen zur Erneuerung angeregt werden konnten). Das bedeutet zum Beispiel, dass die bei einem Vollrausch abgestorbenen Hirnzellen unwiederbringlich verloren sind. Dasselbe gilt auch für die Eizellen der Frau – sie hat von Geburt an einen endlichen Vorrat, der nicht wieder aufgefüllt wird. Und beim Mann betrifft es die Haarfollikel auf dem Kopf – einmal kahl, immer kahl.

Alle diese Angaben betreffen die Zelle als ein lebendes (und sterbendes) System. Aber natürlich hat auch eine langlebige Zelle einen Stoffwechsel und tauscht ständig Substanzen mit der Umwelt aus. Wie lange etwa ein einzelnes Molekül im Körper bleibt, ist daher kaum zu beantworten.

Alte Orgeln können Töne erzeugen, die man nicht hören, sondern nur fühlen kann

Stimmt. Die Pfeifen, die solche Töne erzeugen, werden auch «Demutspfeifen» genannt. Die Hörschwelle des Menschen, also die tiefste Schwingung, die wir noch als Ton hören können, wird meist mit 16 Hertz angegeben. Das ist genau die Frequenz der tiefsten Taste auf einem großen Konzertflügel und auch der tiefste Ton der meisten großen europäischen Kirchenorgeln. Die zugehörige Orgelpfeife hat eine Länge von 32 Fuß, das entspricht knapp zehn Metern. Vor allem in Amerika gibt es aber Orgeln, die noch eine Oktave tiefer reichen – bis zu einer 64-Fuß-Pfeife, die eine Schwingung von 8 Hertz erzeugt. Dieser «Ton» hat zwar einen Namen (das Sub-Sub-Kontra-C), aber im eigentlichen Sinne hören kann man ihn nicht.

Doch auch unhörbar tiefe Töne können wir wahrnehmen. Dieser so genannte Infraschall wirkt auf die Hohlräume unseres Körpers. Weil das empfindliche Ohr für ihn nicht empfänglich ist, braucht er einen viel höheren Schalldruck als gewöhnlicher Schall, um überhaupt wahrnehmbar zu sein. Dann kann er ein mulmiges Gefühl im Bauch auslösen – ob man das nun Demut oder Seekrankheit nennt, kommt vielleicht auf den Anlass an. Infraschall kommt bei Meeres- und Erdbebenwellen, bei Lawinen und Gewittern vor. Die Militärs haben schon über Infraschallwaffen nachgedacht, mit denen sie ganze Regimenter lahm legen wollten.

Zurück zur Musik und zur Demut. «Ich kenne Anekdoten», schreibt mir der Orgelexperte Reiner Jank, «wonach Organisten diesen Ton während der Wandlung des Abendmahls spielen, um ein ‹demutsvolles› Gefühl bei den Gläubigen zu erreichen.» Das Wort «Demutspfeifen» war allerdings den meisten von mir befragten Orgelbauern unbekannt.

ICH DACHTE, ALLE PILOTEN ACHTEN AUF IHR GEBISS!? DU BENUTZT NUR ARONAL, NICHT ELMEX?
KLAPP
ARONAL

Piloten dürfen keine Plomben haben

Stimmt nicht. «Es ist nicht so und war auch nie so», erklärt Renate Hocke von der Verkehrsfliegerschule der Lufthansa in Bremen. Körperlich müssen angehende Piloten folgende Voraussetzungen erfüllen: Sie sind zwischen 1,65 und 1,95 groß – wohl damit sie überhaupt aus dem Cockpit schauen können beziehungsweise nicht an die Decke stoßen. Zudem müssen sie einen medizinischen Test über sich ergehen lassen. Einschränkungen gibt es auch für Fehlsichtige: Nach den Vorschriften des Luftfahrtbundesamtes darf die Brillenstärke nicht größer als +/−3 Dioptrien sein. Die Lufthansa legt an ihre Jetpiloten noch schärfere Maßstäbe an: «in der Regel» nicht mehr als +/−1 Dioptrie, sonst gibt es eine Sonderuntersuchung.

Wer heute für die Firma mit dem Kranich fliegen will, bei dem kommt es weniger auf die Zähne an als aufs Köpfchen: Abitur ist Voraussetzung und außerdem werden in einem Test Fertigkeiten wie Rechenleistung und logisches Denken abgefragt.

Trotzdem hat die Plombenlegende einen realen Hintergrund und der Pilot sollte stets auf ein intaktes Gebiss achten. Denn lose Plomben, unter denen sich ein Hohlraum gebildet hat, können beim Fliegen zu höllischen Schmerzen führen. Der Grund: Diese «Luftblasen» können Druckschwankungen nicht gut ausgleichen. Wenn also etwa beim Start der Druck in der Kabine geringer wird, hat der Pilot einen Überdruck im Zahn und das kann auf den Nerv gehen.

An der Anzahl der Punkte auf dem Rücken der Marienkäfer kann man deren Alter ablesen

Stimmt nicht. Weder das Alter in Tagen noch in Monaten oder Jahren. Ein und derselbe Marienkäfer hat nach dem Schlüpfen aus der Puppe lebenslänglich dieselbe Anzahl von Punkten. Ja sogar innerhalb jeder Marienkäferart (von denen es weltweit etwa 4500 gibt, 80 davon in Deutschland) ist die Punktzahl konstant. So konstant, dass viele sie im Namen tragen: *Hippodamia tredecimpunctata* (13 Punkte), *Propylaea quatuordecimpunctata* (14 Punkte), *Anatis quindecimpunctata* (15 Punkte), *Thea vigintiduopunctata* (22 Punkte), *Adalia bipunctata* (nur 2 Punkte) und natürlich *Coccinella septempunctata*, der beliebte siebenpunktige Glückskäfer.

Das auffällige Punktmuster der Marienkäfer ist von der Natur wohl nur zur Abschreckung von Feinden gedacht. Eine ähnlich wirkungslose Waffe wie das harmlose gelbliche Sekret, das die Käfer absondern können. So bleibt ihnen bei Gefahr nichts anderes übrig, als sich tot zu stellen.

KEIN ALKOHOL AN MINDERJÄHRIGE!
DIE RESTLICHEN PUNKTE SIND IN FLENSBURG.

Messer können in der Spülmaschine stumpf werden

Stimmt. «Hochwertige Messer sollte man nicht in der Spülmaschine reinigen, wenn man sie liebt», sagt Bettina Thomas vom Messerhersteller Zwilling. Und nennt gleich mehrere Gründe dafür: Erstens reiben sich in der Maschine die Besteckteile aneinander – so kann die Schneide eines Messers in Mitleidenschaft gezogen werden.

Zweitens sind auch Edelstahlmesser nicht völlig rostfrei. Die rostfreien Stahlvarianten sind nämlich weicher und daraus gefertigte Messer bleiben nicht so lange scharf. Gute Messer können daher durch Flugrost, zum Beispiel von einer rostigen Schraube in einem Topf oder einem alten Messer aus rostendem Stahl, regelrecht «infiziert» werden. Sogar über das Leitungswasser kann Rost übertragen werden. Eine weitere potentielle Roststelle sind Spalten, an denen unterschiedliche Metalle aufeinander treffen, etwa am Messergriff. Dort kann es zu elektrochemischen Reaktionen kommen, die zur Oxidierung führen. Dagegen immun sind die so genannten Monoblockmesser, die aus einem einzelnen Werkstück hergestellt werden.

Drittens sollte ein gutes Messer immer sofort nach Gebrauch gereinigt werden, besonders wenn man säurehaltige Lebensmittel geschnitten hat, zum Beispiel Obst. Denn Säure und Salz greifen die Schneide an. In der Spülmaschine steht das Besteck oft längere Zeit schmutzig im Korb – und die aggressiven Substanzen können ihr zerstörerisches Werk tun.

Generell sind die Messer in der Spülmaschine länger dem Wasser ausgesetzt, es wird heißer als im Spülbecken und das Spülmittel ist schärfer. Deshalb spült der wahre Messerfan per Hand!

In einigen Staaten der USA ist Oralverkehr gesetzlich verboten

Stimmt. Die Gesetzgeber in vielen amerikanischen Bundesstaaten sorgen sich um die Sexualpraktiken ihrer Bürger. Die angegebenen Zahlen differieren je nach Quelle. Mir liegt eine Aufstellung der American Civil Liberties Union (ACLU) vor, nach der es noch in 16 Staaten auch heterosexuellen Paaren verboten ist, ihren Trieben freien Lauf zu lassen, zum Beispiel in Florida, Georgia, Massachusetts und Virginia. Weitere sechs Staaten haben entsprechende Gesetze für Homosexuelle.

In den einschlägigen Bestimmungen haben die Gesetzgeber blumige Umschreibungen für das Delikt gefunden: «Verbrechen gegen die Natur», «unnatürliche und laszive Handlungen» oder «sexuelles Fehlverhalten». Meist ist die Rede von «Sodomie», worunter in den USA nicht wie bei uns der Verkehr mit Tieren verstanden wird, sondern «jeder Kontakt zwischen den Genitalien einer Person und dem Mund oder Anus einer anderen» (so beschreibt es etwa der Sodomie-Paragraph in Georgia). Zwar gehen die angedrohten Strafen bis zur lebenslänglichen Haft (im Staat Michigan), jedoch werden die Gesetze praktisch nicht angewandt. In 24 Staaten und in der Bundeshauptstadt Washington wurden sie bereits abgeschafft – in der Lewinsky-Affäre hat sich der Präsident zumindest dieses Vergehens nicht schuldig gemacht.

Die verkohlten Stellen an Fleisch, Würstchen und Pizza erzeugen Krebs

Stimmt. Wenn man Lebensmittel bis zum Verkohlen erhitzt, entstehen bestimmte Krebs erregende Kohlenwasserstoffe – das gilt für die Pizza genauso wie für verbranntes Fett und dunkel gebratenes Fleisch.

Vor allem das Grillen ist den Krebsexperten ein Dorn im Auge. Wenn Fett aus Fleisch oder Wurst in die Glut tropft, steigen Rauchschwaden auf und schlagen sich auf dem Grillgut nieder. Darin findet sich «alles Mögliche, was der liebe Gott verboten hat», sagt Malte Wittwer von der Deutschen Krebshilfe. Besonders gefährlich: das Benzpyren. Die Deutsche Gesellschaft für Ernährung berichtet, dass auf der Oberfläche eines über Holzkohle gegrillten Steaks eine Benzpyrenmenge gemessen wurde, die dem Gehalt des Rauchs von 600 Zigaretten entsprach.

Ein paar Regeln für vernünftiges Grillen: Besonders übel ist es, wenn man Fleischwaren auf den Rost legt, die vorher schon geräuchert und gepökelt wurden. Die bilden dabei nämlich zusätzlich noch Krebs erregende Nitrosamine. Und bei magerem Fleisch tritt natürlich weniger Fett aus, das in die Glut tropfen kann. Fette Würste sollte man in Aluschalen oder -folie grillen.

Und wie viele schwarze Würste muss man essen, um Krebs zu bekommen? «Einen solchen linearen Zusammenhang gibt es nicht», erklärt Malte Wittwer. Krebs sei ein «multifaktorielles Ereignis» – man solle halt versuchen, insgesamt ein vernünftiges Verhalten an den Tag zu legen. «Sich im Sommer mit einer Zigarette im Mund und einem Schnaps in der Hand an den Grill zu stellen, noch dazu in die pralle Sonne – das ist sicherlich ein riskantes Verhalten», sagt der Krebsexperte.

FUTTERN WIE BEI MUTTERN
VERBOTEN
ANGEBRANN-TE PIZZA-RÄNDER
VERKOHLTE BRATWURST

OK!
ES REICHT!!
AUSEINANDER
IHR AUGEN!!!

Wenn man zu viel schielt, können die Augen stehen bleiben

Stimmt nicht, auch wenn Kinder es noch so oft von den Erwachsenen zu hören bekommen. Selbst auf Augenarztkongressen wird dieses Gerücht immer wieder vorgetragen. Tatsache ist aber: Es gibt keinen einzigen dokumentierten Fall, in dem übermäßiges Grimassenschneiden zum Strabismus (wie das Schielen in der Fachsprache genannt wird) geführt hätte.

Auch Professor Wolfgang Haase, seit 1965 praktizierender Schielexperte an der Hamburger Uniklinik, hat noch kein solches Kind erlebt. «Es kommt vor», erzählt Haase, «dass Eltern zu mir kommen und sagen: Das Kind schielt seit der Party zu seinem dritten Geburtstag.» Er habe aber in solchen Fällen immer festgestellt, dass der Strabismus schon vorher entstanden sein musste. Er fiel den Eltern vielleicht zum ersten Mal auf, als die Kinder bei der Party um die Wette schielten – ein möglicher Hintergrund für die Mär vom Schielen, bei dem die Augen «stehen bleiben» können, wenn das Kind erschreckt wird.

Es gibt Lebensmittel mit negativen Kalorien

Stimmt nicht. Diese legendäre Eigenschaft wird den unterschiedlichsten Nahrungsmitteln zugeschrieben – von Sellerie, Ananas, Äpfeln und hart gekochten Eiern bis zur Petersilie. Eine tolle Diät, wenn es denn wahr wäre: Je mehr man isst, desto dünner wird man. Aber alle seriösen Ernährungswissenschaftler winken ab. Die Verdauung von 100 Kalorien (der volkstümliche Ausdruck für die mit kcal abgekürzte Kilokalorie) schlägt quer durch die Vorratskammer stets mit etwa 10 Kalorien zu Buche. «Leichtere» Nahrung hat zwar einen geringeren Brennwert, dafür muss der Körper aber auch nicht so viel tun, um sie zu verdauen.

Trotzdem gibt es immer wieder Geschäftemacher, die von den «Minuskalorien» profitieren wollen. Die Deutsche Gesellschaft für Ernährung warnt vor einem 50 Mark teuren Bändchen mit dem Titel «Nahrungsmittel, die schlank machen – oder die negativen Kalorien». Während in der Werbung für das Buch noch davon die Rede ist, dass man weder seine Lebensweise ändern noch Diät halten müsse, um mit diesen Nahrungsmitteln abzunehmen, entpuppt sich das Buch selbst als eine Sammlung von Rezepten, die viel Obst und Gemüse und wenig Fett enthalten – ganz gewöhnliche kalorienarme Nahrung, aber nichts Negatives.

Wie viel Energie der Körper denn nun verbraucht, um die mageren sechs Kalorien einer Selleriestange zu verwerten, konnte mir allerdings auch kein Experte sagen. Eine solche Bilanz ist beim Verdauungsapparat offenbar sehr schwierig. Trotzdem kann man davon ausgehen, dass das einzige «Nahrungsmittel», das wirklich Energie verbraucht, kaltes Wasser ist: Um einen Liter Eiswasser – das keinen Brennwert hat – auf eine Temperatur von 37 Grad zu bringen, benötigt der Körper 37 Kalorien.

Die rote Farbe im Campari entsteht durch gemahlene Läuse

Stimmt. Der rote Farbstoff heißt Karmin und er wird tatsächlich aus Schildläusen der Art *Dactylopius cacti* gewonnen, bekannt unter dem Namen Cochenillelaus. Die weiblichen Tierchen werden auf Kakteen ausgesetzt, deren Saft sie schlürfen. Bei der «Ernte» werden sie eingesammelt, getötet und in der Sonne getrocknet. Aus den gemahlenen Läusen wird schließlich der rote Farbstoff extrahiert. Streng genommen müssten Vegetarier sich jetzt überlegen, ob sie den roten Likör noch trinken wollen: Prost!

Die Firma Campari bezieht ihr Läusepulver von den Kanarischen Inseln, insbesondere von Lanzarote. Dort stammen die Tiere aber ursprünglich nicht her – sie wurden aus Mexiko auf die Inselgruppe im Atlantik importiert. Karmin, das als Lebensmittelfarbstoff das Kürzel E 120 hat, wird ansonsten vor allem für Lippenstifte verwendet.

Wolkenkratzer schwanken bei Sturm an der Spitze um einige Meter hin und her

Stimmt nicht. «Für die höchsten europäischen Hochhäuser liegt dieser Wert eher im Bereich von etwa zehn Zentimetern», erzählt Uwe Weitkemper, der sich an der TH Aachen mit Baustatik beschäftigt.

Aber diese «Kopfauslenkung» ist auch gar nicht das wesentliche Kriterium bei der Festlegung der Steifigkeit von Hochhäusern. Eine langsame, große Schwankung empfinden Menschen nämlich als weniger unangenehm als eine kleine, schnelle. Das liegt daran, dass wir eine gleichförmige Bewegung kaum wahrnehmen, sondern vor allem die Beschleunigung, die der Körper beim Schwanken erfährt. Und da liegt der Grenzwert, an den sich die Konstrukteure im Allgemeinen halten, bei etwa 0,1 m/s^2 – darüber wird's ungemütlich. Wenn das Haus an der Spitze mit diesem Wert beschleunigt wird, dann wackelt es in einer Sekunde um lediglich fünf Zentimeter.

Selbst im allerstärksten Sturm wird es nicht viel schlimmer: Nach amerikanischen Bestimmungen darf sich auch bei Erdbeben und Hurrikans ein Stockwerk gegenüber dem darunter liegenden um maximal 0,5 Prozent der Stockwerkshöhe verschieben. Wenn dieser Extremwert in allen Etagen gleichzeitig erreicht wird (was nach Weitkempers Aussage kaum möglich ist), so schwankt ein 300-Meter-Wolkenkratzer an der Spitze um 1,50 Meter. Aber bis es so weit kommt, sind wahrscheinlich schon alle Menschen in Panik aus dem Haus gestürmt.

HIHIHI!
PANIK AUSLÖSEN. DAS KITZELT AN DEN FUSSSOHLEN.
HIHIHI!

Eier, die man nach dem Kochen abschreckt, lassen sich besser pellen

Stimmt nicht. Die Schälbarkeit des Eis hat nichts mit dem Abschrecken zu tun. Ich habe wieder einmal einen wissenschaftlich völlig unzureichenden Selbstversuch gemacht: zwei Eier aus derselben Packung fünf Minuten gekocht, eines von beiden abgeschreckt – und beide ließen sich gleich gut pellen.

Die wissenschaftliche Begründung liefert Johannes Petersen von der Universität Bochum, der uns schon einmal bei der Frage der braunen und weißen Eier weiterhelfen konnte (siehe Seite 63): Die Schälbarkeit des Eis hängt vom pH-Wert des Eiklars ab. Und der steigt nach dem Legen dadurch, dass Kohlendioxid aus dem Ei entweicht, von etwa 7 auf 9. Wenn das Ei ganz frisch ist, «pellt man sich tot», sagt Petersen – mit und ohne Abschrecken. Wer also die Herstellung eines größeren Eiersalates plane, der solle die Eier im Kühlschrank etwa vier Tage lagern.

Das Einzige, was das Abschrecken bewirkt: Es stoppt den Garvorgang des Eis schneller, als wenn man es abkühlen lässt. Wer sein weiches Ei also präzise «auf den Punkt» kochen will, der sollte es abschrecken.

DAS EI LÄSST SICH HEUTE BESONDERS SCHWER ABPELLEN.
DU PELLST JA AUCH DEN BECHER.
KRATZ KRATZ

Adolf Hitler ließ die erste deutsche Autobahn bauen

Stimmt nicht. Die erste deutsche, ja sogar die erste europäische Autobahn war die zwischen Köln und Bonn, die heutige A 555. Das 20 Kilometer lange, kreuzungsfreie Straßenstück, das stolze 8,6 Millionen Reichsmark kostete, wurde am 6. August 1932 mit einer Sternfahrt eröffnet, an der sich 2000 Kraftfahrer aus ganz Europa beteiligten. Die Einweihung zelebrierte übrigens der damalige Oberbürgermeister von Köln – Konrad Adenauer.

Die Pläne zum Bau des Autobahnnetzes wurden bereits in den zwanziger Jahren entwickelt, also lange bevor Hitler an die Macht kam. Insgesamt war der Bau von 22 500 Kilometer Autobahn vorgesehen, bevor die Wirtschaftskrise den Plänen ein Ende setzte. Lediglich die Rheinprovinz arbeitete weiter an den Plänen.

Auch die Idee, den Autobahnbau als Beschäftigungsprogramm zu nutzen, stammte nicht von Hitler. Die Hälfte der Kosten für die Köln-Bonner Autobahn wurde aus der Erwerbslosenfürsorge bestritten und die Baufirmen waren angewiesen, alle Arbeiten ohne Bagger und Förderbänder in personalintensiver Handarbeit durchzuführen.

Hitler kündigte sein Autobahnprogramm im Mai 1933 an. Da war das geplante Netz schon auf 6900 Kilometer Länge geschrumpft. Und der tatsächliche Arbeitsbeschaffungseffekt war eher gering: Es waren nie mehr als 124 000 Arbeiter beschäftigt – Reichsautobahninspektor Fritz Todt hatte 600 000 Arbeitsplätze versprochen. Bis 1945 wurden dann tatsächlich 3800 Kilometer Autobahn gebaut. Zum Vergleich: Heute hat das deutsche Autobahnnetz 11 300 Kilometer.

Ein Pferd hat nur 1 PS

Stimmt. Jedenfalls wenn man die Dauerleistung betrachtet. Die Definition der Pferdestärke stammt von James Watt. Dessen Dampfmaschinen begannen um 1780, die Pferde zu ersetzen, etwa in Mühlen, und so war es ein gutes Verkaufsargument, ihre Leistung in Relation zur Pferdekraft zu setzen. Seit damals ist 1 PS gleich 746 Watt. Aber hat Watt die Pferdestärke richtig berechnet?

Die Biologen R. D. Stevenson und Richard Wassersug machten 1993 in der Zeitschrift *Nature* die folgende Rechnung auf: Die maximale Leistung pro Kilogramm Muskelmasse liegt bei etwa 100 Watt. Ein 600-Kilo-Pferd hat etwa 270 Kilogramm Muskelmasse, von denen es 180 Kilo auf einmal zur Arbeit einsetzen kann. Macht 18000 Watt oder etwa 24 PS!

Auch wenn das nur eine Überschlagsrechnung war – wieso ist Watts Wert so viel kleiner? Wenn man ein Pferd durch eine Dampfmaschine ersetzen will, darf man nicht seine Höchstleistung bei maximaler Anstrengung berechnen. Es geht vielmehr darum, wie viel man einem Pferd über einen ganzen Arbeitstag hinweg zumuten kann, ohne dass es zusammenbricht.

Deshalb rechnete James Watt folgendermaßen: Erfahrungsgemäß kann ein Pferd den ganzen Tag lang ein Mühlrad mit 24 Fuß Durchmesser etwa zweieinhalbmal pro Minute drehen. Die Zugkraft setzte der Erfinder mit 180 Pfund an, sodass sich eine Leistung von 33929 Fuß mal Pfund pro Minute ergab. Den Wert rundete er ab auf 33000 – und die Umrechnung der krummen englischen Einheiten in Watt überlasse ich dem Leser zur Übung.

Von anderen Pferdekennern wurde 1926 eine alternative Rechnung aufgemacht: Ein Arbeitspferd sollte über 10 Stunden in der Lage sein, 10 Prozent seines Körpergewichts mit einer

1 Pferd muss
10 Std. in der Lage sein,
10 Prozent seines Körpergewichts
etwa 4 km/h zu ziehen
= 1 PS
WIEHER DARAUF KOMMT?

Geschwindigkeit von etwa 4 km/h zu ziehen. Dieses Maß schlugen 1926 mehrere Pferdekenner vor. Wenn man das ausrechnet, kommt ziemlich genau 1 PS heraus.

Fazit von Stevenson und Wassersug: «Es scheint, dass die Müller um 1780 wussten, wie sie ihre Pferde in guter Form hielten, dass Watt seine Berechnungen sorgfältig angestellt hat – und dass ein Pferd erheblich mehr als eine Pferdestärke leisten kann.»

Fürze sind brennbar

Stimmt. Jeder kann es im Selbstversuch erproben. Das Experiment ist auch eine beliebte Mutprobe unter angetrunkenen, meist männlichen Jugendlichen. Und ich habe sogar schon einen entsprechenden Ausschnitt im Fernsehen gesehen – aus Japan natürlich, wo die seltsamsten Dinge im TV gezeigt werden.

Unsere gasförmigen Ausscheidungen bestehen hauptsächlich aus Stickstoff, Kohlendioxid, Methan und Wasserstoff. Die beiden zuletzt genannten Stoffe brennen sehr gut, wobei Methan für die blaue Farbe sorgt. Die prozentuale Zusammensetzung hängt von Umständen wie der Ernährung und der persönlichen Darmflora ab, sodass man darüber kaum generelle Aussagen machen kann. Alle genannten Gase sind übrigens geruchlos, die peinlichen Duftmarken entstehen durch Spuren meist schwefelhaltiger Substanzen.

Bei allen Selbstversuchen ist allerdings höchste Vorsicht geboten – man kann sich böse verbrennen! Ein Tipp: In der Badewanne ist es weniger gefährlich.

KÖNNTEST DU FÜR MICH DURCHS FEUER SPRINGEN? ICH HAB' HEUTE SO BLÄHUNGEN.

Dass der Weihnachtsmann heute ein rotweißes Gewand trägt, geht auf eine Werbekampagne von Coca-Cola zurück

Stimmt nicht. Auch wenn sich die Limonadenfirma selbst gerne damit brüstet.

Die Figur des Weihnachtsmanns hat sich ganz allmählich zu dem heutigen Stereotyp entwickelt. Der heilige Nikolaus wurde schon in vergangenen Jahrhunderten in Europa als Geschenkebringer verehrt, allerdings immer als hoch gewachsene, ernste Bischofsfigur mit Gewändern in ganz unterschiedlichen Farben. Als holländischer «Sinter Klaas» gelangte er nach Amerika und dort beschrieb ihn 1821 der Dichter Clement C. Moore in seinem Gedicht «A Visit from St. Nicholas» erstmals als kleines, fröhliches Dickerchen – allerdings in Elfengröße. Illustratoren wie Thomas Nast zeichneten «Santa Claus» dann schon in den achtziger Jahren des vorigen Jahrhunderts in der Gestalt, die wir heute kennen, allerdings konnte man auf den schwarzweißen Drucken die Farbe nicht ausmachen.

In den zwanziger Jahren schließlich begann das heute übliche rotweiße Weihnachtsmanndress über die anderen Farben zu dominieren. Am 27. 11. 1927 schrieb die *New York Times*: «Ein standardisierter Santa Claus erscheint den New Yorker Kindern. Größe, Gewicht, Statur sind ebenso vereinheitlicht wie das rote Gewand, die Mütze und der weiße Bart.» Und das war eindeutig vor der ersten Coca-Cola-Werbung mit dem Weihnachtsmann. Die erschien nämlich erst 1931, entworfen von dem Grafiker Haddon Sundblom. Aber sicherlich haben die alljährlichen Werbefeldzüge zur Verbreitung des Einheitsweihnachtsmannes beigetragen.

Das Antiblockiersystem (ABS) verkürzt den Bremsweg

Stimmt nicht. Jedenfalls nicht generell. Es ist auch gar nicht der Sinn von ABS, den Bremsweg zu verkürzen – vielmehr geht es darum, den Wagen beim Bremsen in der Spur zu halten und weiterhin lenken zu können. Auch mit ABS sollte man also nicht dichter auf den Vordermann auffahren!

ABS verhindert das Blockieren der Räder, indem es mehrmals pro Sekunde automatisch die Bremse löst, wenn das Rad stillzustehen droht. Der Wagen rollt dann für einen kurzen Augenblick ungebremst. Trotzdem ist der Bremsweg auf trockener Fahrbahn mit ABS meist ein wenig kürzer als ohne. Das liegt daran, dass die Reibung zwischen Reifen und Straße am größten ist, wenn der «Schlupf» des Rades zwischen 10 und 30 Prozent liegt – das heißt: Das Rad dreht sich ein bisschen weniger als beim ungebremsten Rollen, aber es steht nicht still. Und just auf diesen Bereich ist die ABS-Elektronik eingestellt (im Gegensatz zu 100 Prozent Schlupf bei einer Vollbremsung mit blockierten Rädern).

Auf nasser oder eisiger Straße ist der Bremswegvorteil von ABS noch größer. Ein blockiertes Rad neigt nämlich viel eher zum «Aufschwimmen» (Aquaplaning) als ein drehendes. Und dann geht es nicht mehr um die Reibung zwischen Gummi und Asphalt, sondern zwischen Gummi und Wasser – und die ist sehr gering.

Auf lockerem Untergrund wie Schnee, Sand oder Kies dagegen kann der Bremsweg mit blockierten Rädern kürzer sein als mit ABS. Wenn die Räder stehen, schieben sie dann nämlich einen immer größer werdenden Keil vor sich her, der das Auto schnell zum Stehen bringt, während der ABS-gebremste Wagen weiter über die rutschige Oberfläche rollt.

Fazit: Zwar ist der ABS-Bremsweg in der überwältigenden Zahl der Fälle kürzer, aber eben nicht immer. Und alle Überlegungen gelten auch nur, wenn der Fahrer das Pedal wirklich beherzt durchtritt. Das «Stottern» des Bremspedals bei ABS hat in der Vergangenheit viele Fahrer irritiert, die dann fatalerweise den Fuß ganz von der Bremse genommen haben. Dieses Stottern ist bei modernen Wagen kaum noch zu spüren und für ganz zögerliche Bremser gibt es jetzt elektronische Bremsassistenten, die eine Vollbremsung erkennen und auch dann kräftig in die Eisen steigen, wenn der Fahrer zu verzagt ist.

Kakerlaken sind die einzigen Tiere, die einen Atomkrieg überleben würden

Stimmt nicht. Insekten können tatsächlich radioaktive Strahlen besser vertragen als wir Säuger. Während für einen Menschen eine Strahlendosis von fünf bis zehn Gray (diese Einheit hat die frühere Maßangabe Rad abgelöst) in einem Zeitraum von wenigen Wochen tödlich ist, halten die Krabbeltiere ohne weiteres die zehnfache Menge aus, wie ich dem Standardwerk «The Compleat Cockroach» von David George Gordon entnehme. Andere Insekten sind da aber auch nicht zimperlicher. Die Bomben von Hiroshima und Nagasaki hätten die Kerbtiere mit dieser Strahlenverträglichkeit überleben können.

Heute beträgt die Vernichtungskraft der Atomwaffen allerdings ein Vielfaches und es wäre schlecht um ihre Überlebenschancen bestellt. Man muss davon ausgehen, dass durch einen weltweiten Atomkrieg die meisten Wirbeltiere und Insekten ausgelöscht würden. Und die wenigen, die vielleicht in unterirdischen Höhlen und Gängen überleben würden, fänden nachher eine Erdoberfläche vor, auf der aufgrund des nuklearen Winters auch die meisten Pflanzenarten nicht mehr überleben könnten – sie würden wahrscheinlich verhungern.

Die letale Wirkung radioaktiver Strahlung besteht vor allem darin, dass sie die Erbsubstanz DNA in den Zellen schädigt. Im Reich der Bakterien gibt es ein paar Winzlinge, die auch extreme Strahlendosen überleben, weil sie offenbar über einen genialen Reparaturmechanismus verfügen – etwa die Mikrobe *Deinococcus radiodurans*, die im «Guinness Buch der Rekorde» als widerstandsfähigstes Lebewesen geführt wird: Das Bakterium, das eine rosa Farbe hat und nach verfaultem Kohl riecht, überlebt auch ein Strahlenbombardement von 15000 Gray – also 1500-mal so viel wie der Mensch verkraften könnte.

Man sollte seinen Füllfederhalter nicht ausleihen, weil die Feder auf den Besitzer «eingeschrieben» ist

Stimmt nicht. Auch wenn die Hersteller von Füllfederhaltern diese These gern bestätigen, wohl auch um ihren Produkten den Hauch von Exklusivität und Persönlichkeit zu geben. «Eine Frau und einen Füllhalter sollte man niemals aus der Hand geben», sagt Jürgen Caesar von der Firma Montblanc süffisant. Ob frau Männer verleihen soll, sagt er nicht. Eine Vertreterin der Firma Gilette findet einen weiblicheren Vergleich: Frauen verleihen ja auch ungern ihren Lippenstift.

Was hat es mit dem «Einschreiben» auf sich? Eine Füllfeder besteht bei edlen Modellen aus Gold und das ist ein sehr weiches Metall. Deshalb wird die kugelförmige Spitze aus einem sehr harten Material gefertigt, meist Iridium, und an die Feder angelötet. Dieses Kügelchen soll über lange Zeit seine Form behalten – manche Edelfedern werden ja von Generation zu Generation weitergegeben. Deshalb hinkt der Vergleich mit dem Lippenstift gewaltig – ein benutzerspezifisches «Abschleifen» der Kugel wäre gar nicht erwünscht. Trotzdem merke der sensible Füllerbesitzer die Veränderung, wenn die Feder zurückkommt, behauptet Caesar – obwohl er zugibt, dass selbst durch mikroskopische Untersuchungen eine Verformung der Schreibspitze nicht nachweisbar ist.

Was ein Fremder allerdings anrichten kann ist eine Beschädigung der Feder durch unsachgemäße Nutzung. Wenn er zu stark aufdrückt oder die Feder ungeschickt verdreht, kann sie sich schon dauerhaft verbiegen. Oder der fein justierte Federspalt wird von groben Banausen auseinander gespreizt, sodass die Tinte nicht mehr gleichmäßig fließt. Deshalb sollte man den Füller nur an füllergewohnte Zeitgenossen verleihen!

ICH BIN EIN FÜLLFEDERHALTER MIT TRICHTER, WEIL ICH VON MEINEM HERRCHEN EINGESCHRIEBEN BIN UND FREMDE MICH ZU STARK AUFDRÜCKEN UND MIR DIE EDELFEDER VERBIEGEN KÖNNTEN.
IST ES BEI DIR AUCH DESWEGEN?

SPÄT ABENDS ESSEN MACHT DICK. GIB ZU, DU HAST NACHTS VOM MISSIONAR GENASCHT.

Abendliches Essen macht dick

Stimmt nicht. Die Überzeugung, dass man sich abends mit dem Essen zurückhalten sollte, ist weit verbreitet. «Frühstücken wie ein Kaiser, Mittagessen wie ein König, Abendessen wie ein Bettler» – solche und ähnliche Regeln sorgen vielleicht dafür, dass des Nachts der Verdauungsapparat nicht überstrapaziert wird. Mit dem Dickwerden haben sie aber nichts zu tun. Jedenfalls haben Ernährungswissenschaftler keine Belege für diesen Glauben finden können.

In einer Studie, deren Ergebnisse unter dem Titel «Abendliches Essen und spätere Gewichtszunahme in einer nationalen Kohorte» 1997 im Fettsucht-Fachblatt *International Journal of Obesity* veröffentlicht wurden, haben amerikanische Forscher die zeitliche Verteilung der Nahrungsaufnahme bei 2580 Männern und 4567 Frauen untersucht. Die Probanden führten penibel Protokoll darüber, was sie zu welcher Uhrzeit aßen. Nach zehn Jahren wurden sie noch einmal gewogen. Das Ergebnis: Im Schnitt nahmen sie 46 Prozent ihrer Kalorien nach 17 Uhr zu sich. Es war jedoch nicht so, dass ausgesprochene Spätesser in den zehn Jahren besonders viel zugenommen hätten. Allerdings meinen die Forscher, dass die Frage noch einmal genauer untersucht werden sollte. Das Hauptproblem bei solchen Studien ist das so genannte «under-reporting» – viele Testpersonen schummeln und geben nicht alles an, was sie gegessen haben.

Ein schönes Argument gegen die Dickmachlegende lieferte mir ein Leser aus Straßburg, der in anschaulicher, sehr Appetit anregender Weise die Essgewohnheiten der südfranzösischen Provence schilderte, wo sich ausgiebige Mahlzeiten gern bis Mitternacht hinziehen. In Spanien fängt man noch später an zu essen. «Und die Moral von der Geschicht'? Nein, dick sind sie nicht!»

Milch gerinnt schneller bei Gewitter

Stimmt. Wir begeben uns hier auf ein noch sehr spekulatives Gebiet der Wissenschaft, aber das muss ja auch einmal sein. Schauen wir also, was uns die Forscher zu dem Thema zu bieten haben – viel ist es nicht.

Dass ein heraufziehendes Gewitter biologische Systeme beeinflusst, wird immer wieder überliefert. Wetterfühlige Menschen gehören ebenso dazu wie die Milch. Ein Leser schickte mir ein Zitat aus einem Buch von 1776 über «Die Kunst Papier zu machen», in dem es über den dabei verwendeten Leim heißt: «Wenn die Witterung stürmisch ist, so schlägt er um, wird sauer, verdorben und rinnend.»

Zurück zur Milch: Die alte Bauernregel wird interessanterweise auch heute noch zitiert, da doch Milch meist in Kühlschränken aufbewahrt wird. Mit Wettergrößen wie Luftdruck, Temperatur und Feuchtigkeit kann der Vorgang daher nicht allzu viel zu tun haben.

Ein möglicher Auslöser: elektromagnetische Wellen. Gerhard Ruhenstroth-Bauer, emeritierter Professor am Max-Planck-Institut für Biochemie bei München, und der Laienforscher Hans Baumer aus Pfaffenhofen sind überzeugt, die Ursache für die biologischen Effekte von Gewitterfronten im Auftreten so genannter «Sferics» gefunden zu haben. Das sind sehr langwellige, kurze elektromagnetische Impulse im Spektrum zwischen 4 und 50 Kilohertz, die über Entfernungen von 500 Kilometern gemessen werden können. So erklärt Ruhenstroth-Bauer auch die prognostischen Fähigkeiten wetterfühliger Menschen: «Als Beispiel sei angenommen, dass Wetterfronten in Hamburg die Aussendung bestimmter Impulsstrahlungsspektren anregen. Diese breiten sich mit Lichtgeschwindigkeit zentrisch aus und sind in millionstel Sekunden in München. Die Wetterfronten dagegen brauchen viele Stunden oder Tage, bis sie in München ankommen. Diese Erklärung macht auch verständlich, dass die Wetterfühligen sich gelegentlich irren: Wenn nämlich das Wetter nicht wie häufig nach München, sondern z. B. nach Nürnberg zieht, haben sich die Wetterfühligen scheinbar geirrt, aber nur scheinbar.» Was mit den Wetterfühligen in Stuttgart ist, bei denen die Wellen ja auch ankommen, sagt er allerdings nicht.

Hans Baumer hat einen Apparat gebaut, mit dem sich die Sferics messen lassen, insbesondere die häufig auftretenden Frequenzen von 10 und 28 Kilohertz. Baumer und Ruhenstroth-Bauer haben das Auftreten der Impulse mit einer ganzen Reihe von biologischen Parametern in Verbindung gebracht: mit der Anfallhäufigkeit bei Epileptikern, mit der Permeabilität von Gelatine und auch mit der Aktivität von Bakterien – und da könnte eine Ursache für die Gerinnung der Milch liegen. Was die Sferics mit den Mikroorganismen anstellen, dafür gibt es noch keine wissenschaftliche Erklärung.

DIE MÜNZE WURDE AUS GROSSER HÖHE GEWORFEN UND HÄTTE JEDEN TREFFEN KÖNNEN!
ARBEITSKREIS KLEINGELD IM ÖFFENTLICHEN RAUM

Eine Münze, die aus der Höhe des Empire State Buildings geworfen wird, kann den Schädel eines Passanten durchschlagen

Stimmt nicht. Würde in New York ein Vakuum herrschen, könnte die Sache tatsächlich gefährlich werden: Bei einer Höhe von 380 Metern würde die Münze mit einer Geschwindigkeit von 310 Kilometern pro Stunde unten ankommen (eine Feder übrigens auch). In der Wirklichkeit bremst aber die dicke Luft von Manhattan den Fall. Die Gegenkraft, die der Luftwiderstand erzeugt, wächst nämlich proportional mit der Geschwindigkeit – irgendwann ist eine Grenzgeschwindigkeit erreicht und die Münze wird nicht mehr schneller.

Wie hoch ist diese Grenzgeschwindigkeit? Das lässt sich nicht so einfach ausrechnen, weil es mit der Form der Münze zu tun hat, und Strömungen zu berechnen ist sehr kompliziert. Eine Münze fällt aber nicht pfeilgerade mit der Kante nach unten (das wäre sehr strömungsgünstig), sondern sie beginnt zu taumeln und zu tanzen, und das bremst. Jessen Yu, einer meiner amerikanischen Kollegen, der im *Stanford Daily* in Kalifornien Leserfragen beantwortet, kam auf eine besonders gewitzte Methode, die Grenzgeschwindigkeit herauszufinden: Er befestigte eine 1-Cent-Münze an einem Faden, den er bei der Fahrt aus dem Fenster seines Autos hielt. Die Überlegung: Wenn der Faden genau einen Winkel von 45 Grad mit dem Boden bildet, dann ist (Kräfteparallelogramm!) die Kraft, die durch den Luftwiderstand erzeugt wird, so groß wie die Schwerkraft. Und das war bei etwa 40 Kilometern pro Stunde der Fall.

Nehmen wir das Ergebnis mal als Schätzwert – jedenfalls kann eine Münze bei solchen Geschwindigkeiten nicht viel anrichten: NASA-Techniker haben im Fallturm ihres Schwerelosigkeitslabors in Cleveland im US-Staat Ohio schon einmal Pennys aus 130 Meter Höhe heruntergeworfen. Laborleiter Dennis Thompson geht davon aus, dass man die taumelnde Münze mit der Hand fangen könnte – auch wenn es vielleicht ein bisschen auf der Haut brennt. Getraut hat er sich allerdings nicht.

Anders sieht es mit aerodynamisch günstiger geformten Flugobjekten aus. Der NASA-Forscher warnt ausdrücklich vor Füllhaltern. Und Gewehrkugeln, die in die Luft geschossen wurden und im freien Fall wieder herunterkommen, können Menschen töten. So berichtete die *Los Angeles Times* am 6. 7. 1999 von einem tragischen Vorfall. Ein 9-jähriger Junge kam ums Leben, als er von einer herunterfallenden Kugel getroffen wurde, die bei den Jubelfeiern zum amerikanischen Nationalfeiertag in die Luft geballert worden war.

Die Zeitung zitiert auch physikalische Untersuchungen über fallende Pistolen- und Gewehrkugeln: Demnach erreichen die Projektile im Sturzflug Geschwindigkeiten von 300 bis 500 Kilometern pro Stunde (im Gegensatz zu fast 3000 km/h beim Abfeuern). Schon 100 km/h reichen aus, um die menschliche Haut zu verletzen, und bei 200 km/h durchdringt das Geschoss den Schädelknochen. Da kann man froh sein, dass bei uns der Umgang mit Handfeuerwaffen etwas stärker reglementiert wird.

Weiße Hühner legen weiße Eier, braune Hühner legen braune

Stimmt nicht. Die Farbe der Eier ist zwar genetisch bedingt (ein Huhn legt entweder nur braune oder nur weiße Eier), aber es gibt kein einfaches Merkmal am Huhn, an dem Sie zweifelsfrei erkennen können, wie das Ei aussehen wird. In manchen Quellen ist davon die Rede, dass alle Hühner mit roten Ohrläppchen braune Eier legten – auch das ist falsch.

Das gelte jedenfalls für die frei laufenden Rassehühner auf kleineren Höfen, wo die Vielfalt der Hühnersorten sehr groß sei, erklärt Johannes Petersen von der Universität Bochum. In den großen Legebatterien dagegen werden nur wenige unterschiedliche Rassen gehalten und die Daumenregel «braune Federn, braune Eier – weiße Federn, weiße Eier» stimmt meistens. Aber das ist reiner Zufall und liegt nur an den dort verwendeten Züchtungen.

Die Farbe des Eis sagt auch überhaupt nichts über seine Qualität aus. Trotzdem ist sie ein wichtiger Verkaufsfaktor. Früher konnte man in Deutschland fast nur weiße Eier verkaufen, während die Franzosen und Engländer vorwiegend braune aßen. In den letzten 15 Jahren hat dann eine Farbrevolution auf dem deutschen Frühstückstisch stattgefunden: Heute sind 60 Prozent aller Eier braun – wahrscheinlich denkt der Verbraucher, dass Braun irgendwie öko ist.

ACHTUNG!
BUTTERSÄURE
MACHT MÜCKEN
WILD, NUR DIE WEIBCHEN STECHEN

Manche Menschen haben «süßes Blut» und ziehen damit Stechmücken an

Stimmt nicht. Zwar werden tatsächlich manche Menschen häufiger von Mücken gestochen als andere, aber mit Zucker hat das Ganze nichts zu tun.

Stechmücken setzen unterschiedliche Sinne ein, um sich ihre Opfer auszusuchen. Aus der Ferne folgen sie besonders den farblichen Reizen. Ist ein potentielles Opfer entdeckt, benutzen die Mückenweibchen – nur die stechen – ihren sehr feinen Geruchssinn. Die Erkenntnisse über die olfaktorischen Präferenzen der Mücken sind noch sehr lückenhaft, aber es gibt einige Anhaltspunkte: Aus der Nähe orten die Insekten den Menschen anhand des Kohlendioxids, das dieser beim Atmen von sich gibt. Wen sie dann stechen und wen nicht, hängt von der Körpertemperatur ab (je wärmer, desto attraktiver), vor allem aber von individuellen Ausdünstungen, also vom Schweißgeruch, der aber nichts mit der Zusammensetzung des Blutes zu tun hat. Insbesondere Buttersäure scheint die Mückendamen geradezu wild zu machen. Aber auch auf manche Parfüms fliegen die Insekten, berichtet der Mückenexperte Michael Henn von der Universität München.

Der Insektenforscher Jerry Butler von der University of Florida wollte genauer wissen, was die Mücken anzieht. Und mit einer pfiffigen Methode vermied er dabei Schmerzen und Blutvergießen: Er nahm mit einer feinen Membran Geruchsproben von der Haut seiner Testpersonen ab. Diese Membran wurde dann als künstliche Haut auf eine Schale mit Rinderblut gelegt. Per Computer wurde jeder Mückenstich in die Kunsthaut registriert.

Das Ergebnis: Auch Butler fand heraus, dass viele Kosmetika Mücken anziehen. Eine Person, die Medikamente zur Senkung des Cholesterinwerts nahm, wurde dagegen von den Insekten abgelehnt. Butler vermutet, dass die Mücken «riechen», welche Menschen über viel Cholesterin und B-Vitamine verfügen – Stoffe, die sie selbst zum Leben brauchen, aber nicht produzieren können. Er schätzt, dass es unter zehn Menschen einen gibt, den die Stechinsekten besonders attraktiv finden.

Natürlich gibt es auch Gerüche, von denen Mücken sich abgestoßen fühlen: Auf denen basieren die natürlichen und künstlichen Antimückenlotionen. Wer nicht zur «Chemie» greifen will, für den empfehlen sich etwa Knoblauch, Lavendel und Eukalyptus.

Wenn man in einem Lokal dreimal vergeblich versucht hat zu bezahlen, darf man gehen

Stimmt nicht. Schon weil die Behauptung, es dreimal versucht zu haben, viel zu unbestimmt ist – da könnte man ja schnell «Zahlen! Zahlen! Zahlen!» rufen und sich aus dem Staub machen.

Als Nichtjurist habe ich mir fachkundigen Rat geben lassen, in einem juristischen Internet-Forum, aber auch von Albrecht Zeuner, Juraprofessor an der Universität Hamburg. Demnach stellt sich die Rechtslage so dar: Sie haben mit dem Wirt einen Bewirtungsvertrag geschlossen, einen «typgemischten Vertrag» nach dem Bürgerlichen Gesetzbuch. Weiteres zitiere ich (mit einigen Kürzungen!) aus einem Beitrag, den ein gewisser Joa im Internet-Forum de.soc.recht.misc auf meine Frage hin geschrieben hat: «Wo der Gast zahlen muss, ergibt sich aus §§ 270 I, 270 II BGB, nämlich am Ort der Niederlassung des Gläubigers, also im Restaurant. Wann er zahlen muss, bestimmt sich nach § 271 BGB. Danach kann der Gläubiger die Leistung frühestens dann verlangen, wenn dies nach den Umständen anzunehmen ist. Im Speiserestaurant also nach Verzehr der Speisen, im Biergarten wohl schon unmittelbar nach Lieferung. Der Schuldner kann nach § 271 II BGB hingegen seine Leistung, also die Zahlung, schon vorher bewirken. Aus dem Recht des Schuldners, seine Leistung bewirken zu können, ergibt sich nach §§ 293, 294 BGB die Folge, dass der Gläubiger in Verzug gerät, wenn er die ihm angebotene Leistung nicht annimmt. Hiernach genügt es auf jeden Fall, wenn der Schuldner mehrmals ernsthaft bekundet, dass er leistungsbereit ist und zahlen will, um den Gläubiger in Verzug zu setzen. Macht der Gläubiger also keine Anstalten, die angebotene Leistung anzunehmen, spricht m. E. nichts dagegen, dass der Schuldner das Restaurant ohne zu bezahlen verlässt. Da allerdings der Gläubiger gewöhnlicherweise nicht weiß, wo sich der Schuldner befindet, ist zu verlangen, dass der Schuldner dem Gläubiger mitteilt, wo dieser seine Forderungen geltend machen kann, denn die nach § 270 I BGB bestehende Bringschuld des Schuldners bleibt auch im Annahmeverzug des Gläubigers bestehen.»

Ist das nicht schönes Juristendeutsch? Praktisch heißt das: Man darf zwar gehen, etwa wenn man sonst den Zug verpassen würde oder wenn man einen anderen wichtigen Termin hat. Einfach verschwinden aber geht nicht – man muss schon seine Zahlungswilligkeit unter Beweis stellen. Mein Vorschlag: am Tresen die Adresse hinterlegen und sich die Rechnung schicken lassen.

Man spart Benzin, wenn man den Motor an der Ampel oder im Stau ausschaltet

Stimmt. Es ist mit dem Auto wie mit den Glühbirnen: Schon die kürzesten Ausschaltzeiten sparen Energie. Dass der Verbrauch beim Einschalten beziehungsweise Anlassen höher sei, ist eine Mär.

In der ARD-Sendung «Plusminus» wurde das einmal mit einem eindrucksvollen Versuch demonstriert: Am Auspuff eines Autos wurde ein Ballon befestigt, der das gesamte Abgas aufnahm. Zunächst lief der Motor eine Minute im Leerlauf – der Ballon wurde schön prall. Im zweiten Versuch wurde der Motor innerhalb einer Minute 15-mal gestartet und wieder ausgeschaltet – der Ballon füllte sich nur zur Hälfte. Der Startvorgang verbraucht also nicht besonders viel Benzin.

Die Bundesanstalt für Straßenwesen hat in Tests herausgefunden, dass es sich schon bei einem Stopp von etwa zehn Sekunden lohnt, den Motor auszuschalten – wenn man nur die Abgasmenge, also nur den Spritverbrauch betrachtet. Anders sieht die Sache aus, wenn man auch die im Abgas enthaltenen Schadstoffe berücksichtigt: «Die Abgaskomponente Kohlenwasserstoff reagiert sehr heftig auf den Stopp- / Startvorgang», heißt es. Eine Reduzierung ergebe sich erst bei etwa fünf Minuten Wartezeit. Ähnliches gilt für Kohlenmonoxid, weil es im Leerlauf kaum produziert wird. Den Ausstoß von Stickoxiden dagegen reduziert man schon bei einer Standzeit von fünf Sekunden. Wie der umweltbewusste Autofahrer diese verschiedenen Schadstoffklassen nun gegeneinander abwägen soll, darüber lässt uns die Bundesanstalt im Dunkeln.

Noch einmal zum Benzinverbrauch: Es gibt noch einige weitere einfache Tricks, mit denen man den Spritverbrauch vor allem in der Stadt um fast die Hälfte senken kann – etwa durch

untertouriges Fahren, sehr frühes Schalten und einen erhöhten Reifendruck. Inzwischen gibt es einige Ökofahrschulen, die Autofahrern beibringen, wie sie ihren Wagen zum Dreiliterauto machen können.

Die Zahl der aktuell lebenden Menschen ist größer als die Zahl der bereits Verstorbenen

Stimmt nicht. Diese angebliche «Tatsache» wird oft von Leuten verbreitet, die entsetzt sind über die heutige Bevölkerungsexplosion. Aber trotz des starken Wachstums: Die Zahl der Toten ist weit größer als die Zahl der Lebenden.

Das hat jedenfalls der Bevölkerungsforscher Herwig Birg von der Universität Bielefeld im Jahr 1990 ausgerechnet. Und das ist gar nicht so einfach: Es gibt zunächst einmal Schätzungen, wie viele Menschen zu jedem gegebenen historischen Moment auf unserem Globus gelebt haben. Die Forscher gehen davon aus, dass es zur Zeit von Christi Geburt etwa 300 Millionen waren. Daran änderte sich in den nächsten Jahrhunderten nicht viel – richtig steil wurde die Kurve erst im 20. Jahrhundert, in dem sich die Weltbevölkerung etwa verfünffacht hat – auf heute sechs Milliarden Erdenbürger.

Aber wie summiert man all diese Menschen auf? Dazu muss man für jedes Jahr in der Geschichte die Zahl der lebenden Menschen mit der Geburtenrate multiplizieren, die man natürlich auch nur schätzen kann. Birg geht übrigens davon aus, dass diese Geburtenrate bis zur Erfindung der Verhütungsmittel ziemlich konstant war – für die Bevölkerungsexplosion hat also nicht etwa ein verstärkter Fortpflanzungstrieb des Menschen gesorgt, sondern die Erhöhung der Lebenserwartung durch bessere medizinische Versorgung. Die Zahl der Geburten in jedem Jahr muss man dann nur noch aufsummieren und man erhält die Summe aller Menschen, die je gelebt haben.

Und das ist das Ergebnis (Stand 1990): Bisher wurden 80,6 Milliarden Menschen geboren. Davon lebten zu diesem Zeitpunkt 5,3 Milliarden, 75,7 Milliarden waren tot. Von den Toten entfallen 40,9 Milliarden auf die Zeit nach Christi Geburt und 34,4 Milliarden auf die vielen Jahrtausende davor. Den Fehler seiner Rechnung schätzt Birg auf maximal 15 Prozent nach oben oder unten.

Moment mal, kann man jetzt noch einwenden, ist es für diese Rechnung nicht wichtig, wann der erste *Homo sapiens* auf der Bildfläche erschien? Macht es nicht einen Riesenunterschied, ob man vor zwei Millionen Jahren anfängt zu zählen oder vor einer Million? Macht es nicht. Denn bis zur Steinzeit lebten insgesamt nur wenige tausend Menschen, die Zahl fällt daher kaum ins Gewicht.

Cola und Salzstangen helfen gegen Magenverstimmung

Stimmt. Es geht aber auch mit anderen Mitteln, die Hauptsache ist, dass dem Körper Flüssigkeit, Salz und Glukose (Zucker) zugeführt wird. Die Cola-Salzstangen-Therapie wird vor allem von Eltern angewandt, die ihre unter Durchfall und Übelkeit leidenden Kinder dazu bringen wollen, überhaupt etwas zu sich zu nehmen.

Wasser braucht der diarrhögeplagte Körper, weil er viel Flüssigkeit verliert. Ebenso das Salz, weil dabei auch viele Elektrolyte ausgeschieden werden. Der Zucker enthält viele leicht verdauliche Kalorien, also Energie für den entkräfteten Körper. Es kommt aber noch ein Wirkmechanismus dazu: Die gleichzeitige Anwesenheit von Zucker und Salz erhöht die Fähigkeit des Darms, das zugeführte Wasser überhaupt aufzunehmen. Eine einfache Lösung aus acht Teelöffeln Zucker und einem halben Teelöffel Salz auf einen Liter Wasser hat sich auch in Entwicklungsländern bewährt, in denen die Menschen oft von Durchfallepidemien geplagt werden.

Gibt es in der Cola noch weitere geheimnisvolle Heilsubstanzen? Professor Eberhard Windler von der Hamburger Universitätsklinik hat das schon öfter von Patienten gehört und ist der Überzeugung, dass «Cola gewiss pharmakologisch wirksame Stoffe enthält». So lange die Wissenschaft darüber nicht mehr weiß, hält er sich an den Grundsatz: Gut ist, was gesund macht.

Sicher ist nur: Wenn man die Therapie mit Cola durchführt, dann nicht mit der «Light»-Variante – der fehlt die wichtige Glukose. Und wem sich beim Gedanken an Cola und Salzstangen der Magen noch mehr umdreht, der kann auch Zwieback und gesüßten Tee nehmen.

Alle Babys werden mit blauen Augen geboren

Stimmt nicht. Man kann allenfalls sagen, dass die meisten weißen Säuglinge in Europa und Nordamerika mit blauen Augen geboren werden. Schwarze Babys haben fast immer schon bei der Geburt braune Augen.

Der Grund für die Blauäugigkeit: Bei der Geburt ist das Auge noch nicht voll entwickelt, wie Gisbert Richard, Chef der Augenklinik an der Hamburger Universität, erläutert. Die Teile des Auges, die am wenigsten wichtig sind, differenzieren sich zuletzt. Und der Farbstoff der Regenbogenhaut ist zum Sehen nicht unbedingt notwendig – der Zweck der Pigmente besteht lediglich darin, Licht zu absorbieren und so das Auge zu schützen. Deshalb haben auch Menschen in südlichen Ländern meist dunklere Augen als ihre nördlichen Artgenossen.

Erst einige Monate nach der Geburt kommt beim Baby die Produktion des Pigments Melanin voll in Gang. Die endgültige Augenfarbe hängt nur von der Konzentration dieses einen Farbstoffs in der Iris ab – es gibt also keine unterschiedlichen Pigmente für braune, blaue und grüne Augen.

AUS
AN
OH NO! MEIN BABY HAT DIE FALSCHE AUGENFARBE!

Wenn alle Chinesen gleichzeitig vom Tisch springen würden, könnten sie die Erde aus ihrer Umlaufbahn werfen

Stimmt nicht. «Gebt mir einen festen Punkt und ich hebe euch die Welt aus den Angeln» – mit diesem (nicht ganz korrekt übersetzten) Ausspruch wird Archimedes gern zitiert. Auf die Frage angewandt: Man kann die Erde nur aus ihrer Bahn werfen, indem man «von außen» ansetzt – wenn also etwa ein entsprechend schwerer Asteroid unseren Planeten trifft. Ereignisse auf der Erde, egal wie heftig, beeinflussen deren Bahn im All nicht.

Eine andere Frage ist, was für Auswirkungen der kollektive Chinesensprung auf der Erde hätte. Im Jahr 1970 soll das einmal ein Geophysiker namens Stone von der Universität von Alaska berechnet haben – jedenfalls berichtete das damals die Zeitschrift *hobby*. Demnach würden die Chinesen, bei einem mittleren Gewicht von 50 Kilogramm und einer Sprunghöhe von zwei Metern, durch ihre Hüpferei ein Erdbeben von der Stärke 4,5 auf der Richterskala erzeugen.

Die «Erdbebenwaffe» sei besonders effektiv, wenn die Chinesen ihren Sprung alle 54 Minuten wiederholen würden – so lange brauchen Erdbebenwellen, um den Globus zu umrunden. Während das so aufgeschaukelte Beben in China selbst recht mäßig bliebe, könnte es etwa an der Küste Kaliforniens schwere Verwüstungen anrichten.

Die einzige Gegenwaffe der Amerikaner wäre in einem solchen Fall, immer selbst zu springen, wenn die Welle gerade durch ihr Land liefe. Da aber in der Pazifikregion der USA nur 25 Millionen Menschen lebten, hätten die, um den Effekt der damals 700 Millionen Chinesen ausgleichen zu können, aus etwa 50 Meter Höhe herunterspringen müssen. Interessant, mit was sich Geophysiker so die Zeit vertreiben.

ACHTUNG ACHTUNG! EINE WICHTIGE DULCHSAGE AN ALLE CHINESEN, DIE GLEICHZEITIG VON IHLEN TISCHEN SPLINGEN, UM IN KALIFOLNIEN EIN ELDBEBEN AUSZULÖSEN: FLAUEN UND KINDEL NICHT ZUELST!!!

Confiserie
NACH DEN STROM-
FALLEN JETZT DIE
SCHOKOLADEPREISE
SCHOKO-
LADE
PUR
1. DM
SCHOKO-
LADE MIT
SCHWEINE
BLUT
70 Pf
SCHOKO
LADE MIT
BLUT UN-
BEKANNTER
HERKUNFT
30 Pf

Schokolade enthält Rinder- oder Schweineblut

Stimmt nicht. Jedenfalls versichern das unisono die Schokoladenhersteller. Reinhard Matissek vom Lebensmittelchemischen Institut des Bundesverbandes der deutschen Süßwarenindustrie stellt klar: «Für die deutschen Süßwarenunternehmen ist es absolut unvorstellbar, bei der Herstellung ihrer Produkte Tierblut zu verwenden.» Das gelte übrigens per EU-Richtlinie europaweit. Ich sehe keinen vernünftigen Grund, dem Verband nicht zu glauben, auch wenn einige Leser mich im Bund mit der bösen Schokoladenmafia sehen, an deren Händen Blut klebe.

Auf zwei mutmaßliche Hintergründe des unappetitlichen Gerüchts weist Bernd Schartmann von der Schokofirma Lindt & Sprüngli hin: Es gab in der DDR einmal ein Forschungsprojekt, bei dem es darum ging, der Schokolade durch getrocknetes Blut eine kräftigere Farbe zu geben. Ob das jemals umgesetzt wurde, ist nicht bekannt – jedenfalls braucht heute niemand mehr davor Angst zu haben.

Die zweite mögliche Quelle: Ein Tüftler aus Düsseldorf hat einmal einen Patentantrag für ein Verfahren gestellt, mit dem man den Eiweißgehalt von Lebensmitteln durch den Zusatz von Blut erhöhen könnte. Das Patent wurde jedoch nie erteilt. Reinhard Matissek: «Derartige Rezepturen werden von Außenseitern erfunden und propagiert.»

Und Bernd Schartmann versichert: Außer der Milch enthält Schokolade überhaupt keine tierischen Bestandteile – wenn man von ein bisschen Eierlikör in manchen Pralinen absieht.

Der Autotachometer zeigt zehn Prozent mehr an, als die Geschwindigkeit wirklich beträgt

Stimmt nicht. Was der Tacho anzeigen soll und darf, hat der Gesetzgeber in einem Anhang zur Straßenverkehrszulassungsordnung (StVZO) akribisch festgelegt. Vor 1990 galt die folgende Regel: Generell sollte der Tacho nie zu wenig anzeigen. Oberhalb von 50 Kilometern pro Stunde durfte die Differenz zwischen angezeigter und tatsächlicher Geschwindigkeit höchstens sieben Prozent des «Skalenendwerts» betragen. Früher mag das vernünftig gewesen sein – heute gehen viele Tachos bis 250 und da entsprechen 7 Prozent 17,5 Kilometern pro Stunde. Es wäre demnach bei Tempo 50 eine Tachoanzeige von 67,5 zulässig gewesen.

Seit 1990 hält sich Deutschland an die strengere Verordnung Nr. 1463/70 der EU. Demnach darf der Tacho ebenfalls niemals zu wenig anzeigen. Und für die Abweichung gilt: Wenn v_1 die angezeigte und v_2 die tatsächliche Geschwindigkeit ist, so muss die folgende Ungleichung erfüllt sein:

$$0 \leq v_1 - v_2 < \frac{v_2}{10} + 4 \text{ km/h}$$

Anders ausgedrückt: Die Abweichung darf 10 Prozent der tatsächlichen Geschwindigkeit plus 4 km/h betragen. Geprüft werden die Tachos bei Tempo 40, 80 und 120, anzeigen dürfen sie maximal 48, 92 und 136 Kilometer pro Stunde.

Kann man sich also als Autofahrer darauf verlassen, dass die Hersteller diese Toleranz voll ausschöpfen? Lieber nicht. Moderne elektronische Tachometer lassen sich sehr genau justieren, deshalb beträgt die Abweichung meist nur wenige Kilometer pro Stunde.

Wenn man 10000 Steuermarken von Zigarettenpackungen sammelt, bekommt dafür ein Behinderter einen Rollstuhl

Stimmt nicht. Immer wieder schwappt diese Legende durchs Land und gutwillige Bürger beginnen mit der sinnlosen Sammelei – mal geht es um die Cellophanhüllen, mal um die Alufolie, meist aber um die Steuerbanderolen. Selbst nach Erscheinen des «Stimmt's?»-Beitrags bekam ich noch Post von einem Leser, der ganz fest davon überzeugt war, dass ein österreichischer Tabakhersteller die Märkchen annehme. Erst nachdem ich bei der Firma nachgefragt hatte, ließ er es sich ausreden.

Die Tabakhersteller sind es auch, die die Folgen der völlig aus der Luft gegriffenen Geschichte ausbaden müssen. Ein Mitarbeiter der Firma Philip Morris berichtet, dass dort einmal jemand 70000 dieser Aufkleber abgeliefert hat. Die Hersteller dürfen diese Marken eigentlich gar nicht annehmen – sie könnten sie ja auf frisch produzierte Zigarettenpackungen kleben und sich so um die 3,50 DM drücken, die sie für jede Marke bezahlen. Deshalb werden die Märkchen der Oberfinanzbehörde überstellt und dort unter Aufsicht vernichtet.

Aber wer setzt solche Legenden in die Welt? Ein Verdacht der Zigarettenhersteller: Es könnten Schmugglerringe dahinterstecken, die mit den gesammelten Banderolen illegal eingeführte Zigarettenpackungen «veredeln» und auf den deutschen Markt bringen wollen. Und so berichtet ein Sprecher des für Steuerfragen zuständigen Bundesfinanzministeriums auch von einem Fall von Banderolensammelei, bei dem die Spuren ins Hamburger Rotlichtmilieu führten.

TON
IM
TON
BIG
BANG
BUMM

Viele alte Tongefäße mit Rillenmuster dokumentieren wie eine Schallplatte Geräusche aus der Zeit ihrer Herstellung

Stimmt nicht. Dabei wäre das doch ein Traum für jeden Altertumsforscher: Originalzeugnisse aus der Zeit unserer Vorfahren, sogar noch vor Erfindung der Schrift. Ich musste bei der Leserfrage sofort an ein Fernsehlügenquiz aus den siebziger Jahren denken. Da wollte man angeblich mit der Methode klären, ob die Römer Cicero wie ein «Zizero» oder wie «Kikero» ausgesprochen haben (der Gag: Sie sagten «Tschitschero»). Aber es war halt nur eine Lügengeschichte, ähnlich wie der Aprilscherz einer Berliner Zeitung aus der Zeit vor dem Zweiten Weltkrieg, den Hoimar von Ditfurth 1961 in einem Artikel in der *ZEIT* erwähnte. Demnach hätten Forscher eine ägyptische Vase abgetastet. «Und aus dem Lautsprecher sei ein altägyptisches Volkslied erklungen, das Lied, das der Töpfer zufällig gesungen haben musste, als seine Hand vor drei Jahrtausenden die Linie in den noch feuchten Ton der rotierenden Vase ritzte!»

Aber da war auch noch der Artikel, der 1993 in der seriösen Zeitschrift *bild der wissenschaft* stand – im Juni, nicht im April. Unter der Überschrift «Ton in Ton» wurde dort tatsächlich die Möglichkeit solcher Schallaufzeichnungen behauptet. Der Physiker Wolfgang Heckl von der Universität München sah in ihrer Erforschung eine denkbare Anwendung für das so genannte Rasterkraftmikroskop, mit dem sich sogar einzelne Moleküle sichtbar machen lassen. Heckl mutmaßte darin, dass alle Rillen und Kratzer, die einer glatten Oberfläche zugefügt werden, auch Schallwellen aufzeichnen könnten. «Der Krug auf der Töpferscheibe gleicht im Prinzip der Walze eines Edison-Phonographen. Wenn der Töpfer mit Stichel oder Kamm Rillen in den weichen Ton schneidet und dabei ein Lied singt, sich mit seiner

Frau streitet oder nach seinem Gesellen ruft, dann schwingen Hand und Werkzeug mit und gravieren die Schallimpulse in die Rille ein.»

Nun sind seit dieser Veröffentlichung einige Jahre ins Land gegangen – Anlass, einmal bei Herrn Heckl nachzufragen, wie viele antike Schallaufzeichnungen er denn nun gefunden hat. Seine Antwort: Das Prinzip des tönernen Tonträgers sei nichts weiter als «eine intellektuelle Spielerei, deren einziger Sinn darin lag, das mögliche (atomare) Auflösungsvermögen von Oberflächentopografie mit dem Rasterkraftmikroskop zu erläutern. Es wurden tatsächlich, soweit mir bekannt ist, niemals Tongefäße untersucht.» So viel versprechend, dass er selbst ihm ernsthaft nachgegangen wäre, fand der Forscher seinen Einfall demnach nicht. So werden wir auf die endgültigen Antworten auf die Fragen nach der Aussprache der Lateiner und dem altägyptischen Liedgut wohl noch warten müssen.

Japaner werden schneller betrunken als Europäer, weil ihnen ein bestimmtes Enzym fehlt

Stimmt. Das Enzym heißt *Acetaldehyddehydrogenase*, und weil das kaum jemand aussprechen kann, wird es mit A1DH abgekürzt.

Wenn wir Alkohol zu uns nehmen, dann wird er in unserem Körper in zwei Stufen abgebaut: Zunächst macht das Enzym ADH aus dem Alkohol den sehr toxischen Stoff Acetaldehyd. Während der bei Kaukasiern (also den meisten Menschen in Europa) relativ schnell durch A1DH in harmloses Acetat verwandelt wird, verfügen 46 Prozent der Japaner und 56 Prozent der Chinesen nicht über dieses Enzym.

Die Folge: Ihr Körper kann das giftige Acetaldehyd nicht so schnell abbauen. Und das führt zu unangenehmen Symptomen: «Sie bekommen ein knallrotes Gesicht und beginnen zu schwitzen», erklärt die Professorin Christiane Bode, die sich an der Universität Hohenheim wissenschaftlich mit dem Abbauprozess des Alkohols beschäftigt. Dieses so genannte «Flush»-Syndrom führt bei den meisten Betroffenen dazu, dass sie das einzig Vernünftige tun: nämlich die Alkoholzufuhr nach ein paar Gläsern zu unterbinden. «Der Rest übertrinkt die unangenehmen Symptome und betäubt sie mit Alkohol», erläutert Frau Bode. Und denen geht es dann richtig schlecht.

Einen Trost noch für die gebeutelten Asiaten: Der Enzymmangel führt nicht nur dazu, dass sie wenig Alkohol vertragen, er scheint auch die Gefahr zu reduzieren, alkoholsüchtig zu werden.

Man kann einen Menschen umbringen, wenn man ihm beim Baden einen Föhn in die Wanne wirft

Stimmt. Deshalb der eindringliche Appell, insbesondere an Kinder: Nicht nachmachen!

Etwa elf Prozent aller tödlichen Stromunfälle in Deutschland spielen sich in der Badewanne ab, berichtet Helmut Zürneck, der für den Verband der Elektrotechnik (VDE) eine penible Statistik darüber führt, wie Menschen durch elektrischen Strom ums Leben kommen. Die Ursache ist im Übrigen kein Kurzschluss (der Föhn kann eventuell sogar unter Wasser weiterlaufen), sondern die Tatsache, dass über das Wasser und die geerdete Wanne Strom abfließt und dabei seinen fatalen Weg durch den Körper des Badenden nimmt. Deshalb springt auch meist nicht die Sicherung heraus und das effektvolle Blitzen und Knallen der einschlägigen Krimiszenen bleibt auch aus.

Die Hersteller der Haartrockner können wenig gegen diese Unfälle oder Verbrechen tun – abdichten kann man den Föhn ja schlecht. Die einzig wirksame Sicherheitsmaßnahme: ein so genannter Fehlerstrom-Schutzschalter (FI-Schalter), der in Neubauwohnungen bereits Pflicht ist. Das ist ein kleines Gerät, das den Stromverlust über der Erde bemerkt und innerhalb von Sekundenbruchteilen den Strom abschaltet.

BADEZUSATZ
ZUR ENT-
SPANNUNG UND
BERUHIGUNG

Bei Vollmond werden mehr Kinder geboren als sonst

Stimmt nicht. In Mondfragen verstehen viele Gläubige keinen Spaß. Der Erdtrabant soll großen Einfluss auf viele Bereiche des menschlichen Lebens haben – vom Wachstum des Getreides und der Menstruation der Frau bis zu Ereignissen wie Geburten, Unfällen und Verbrechen. Aber fast immer, wenn jemand diesen behaupteten Zusammenhängen mit den Methoden der Statistik auf den Grund zu gehen versucht, kommt keine besondere Korrelation zum Vorschein.

Bei den Geburten wurde die Frage unter anderem 1994 anhand von 7842 florentinischen Babys untersucht, aber auch 5226 Geburten in Maputo (Mosambik) wurden ausgewertet. Ergebnis: Kein Zusammenhang zwischen Mondphase und Geburtenzahl.

Nehmen sich denn wenigstens Selbstmörder bevorzugt bei Vollmond das Leben? Eine Metastudie (also eine Studie, die andere Studien zusammenfasst) hat 20 Untersuchungen ausgewertet – fast alle ohne Befund, so etwa eine Arbeit, die 4190 Selbsttötungen zur Grundlage hatte. Die wenigen Studien, die einen Zusammenhang mit der Mondphase herzustellen behaupteten, widersprachen einander auch noch.

Auch der Glaube an die Kraft des Vollmondes ist wissenschaftlich untersucht worden. 1995 berichtete ein Artikel in der Zeitschrift *Psychological Reports* von einer Studie an 325 Menschen. 140 von ihnen glaubten, dass die Mondphasen etwas mit dem Verhalten der Menschen zu tun haben. Bei Psychologen und Sozialarbeitern war der Glaube überdurchschnittlich verbreitet. Und fast jeder kennt die Ärzte, Krankenschwestern und Hebammen, die fest daran glauben, dass sie bei Vollmond mehr zu tun haben. Woran liegt's? Einzige Erklärung: selektive Wahrneh-

mung. Wer einmal von der Legende überzeugt ist, der registriert nur noch die bestätigenden Ereignisse und ignoriert die Gegenbeispiele.

Drei Hornissenstiche töten einen Menschen, sieben Stiche töten ein Pferd

Stimmt nicht. Hornissen werden zu Unrecht als Horrorwesen dargestellt. Die Naturschutzverbände versuchen seit Jahren, den Ruf des größten staatenbildenden Insekts unserer Breiten zu verbessern – und da wollen wir uns gern anschließen: Hornissen, die zur Familie der Wespen gehören, sind sehr friedliebende, scheue Tiere. Ein Hornissenvolk vertilgt am Tag bis zu einem halben Kilo anderer Insekten, die wir Menschen als lästig und schädlich empfinden. Diese eiweißreiche Nahrung brauchen sie zur Aufzucht ihrer Larven und zur Fütterung ihrer Königin. Die ausgewachsenen Hornissen begnügen sich dann mit Kohlenhydraten aus Pflanzensäften und Fallobst. Hornissen sind weniger angriffslustig als etwa Honigbienen und ziehen die Flucht vor, wenn es brenzlig wird. Sollten sie doch einmal zustechen (etwa weil sie glauben, dass man sich an ihr Nest heranmachen will), dann ist die Wirkung nicht schlimmer als bei einer Biene oder Wespe. Saugt man die Wunde aus, so lässt der Schmerz bald nach. Allenfalls bei allergischen Reaktionen ist Vorsicht geboten.

Wahrscheinlich haben die wenigsten Menschen je eine Hornisse zu sehen bekommen, denn sie sind fast ausgestorben und stehen seit 1987 auf der roten Liste der geschützten Tierarten. Man darf sie also nicht töten und ohne Erlaubnis der Naturschutzbehörde auch keine Nester entfernen – das kann zu einem Bußgeld von bis zu 100 000 Mark führen.

Fazit (um es mit den Worten des Naturschutzbundes auszudrücken): «Ein Zusammenleben von Mensch und Hornisse ist möglich.» Richtig bleibt allerdings, was Robert Gernhardt einmal festgestellt hat: Ein einziger Pferdebiss reicht aus, um eine Hornisse zu töten.

Die Drehung der Erde führt dazu, dass Eisenbahnschienen, die in Nord-Süd-Richtung verlaufen, einseitig abgenutzt werden

Stimmt nicht. Es geht um eine angebliche Wirkung des so genannten Coriolis-Effekts. Der sorgt zum Beispiel dafür, dass Hoch- und Tiefdruckgebiete auf der Nord- und der Südhalbkugel der Erde einen entgegengesetzten Drehsinn haben, und er sorgt nicht dafür, dass der Badewannenstrudel beim Überqueren des Äquators seine Richtung ändert (siehe «Stimmt's?», Band 1). Anlass, ihn hier einmal genauer zu beschreiben.

Zunächst einmal: Die allgemein übliche Bezeichnung «Coriolis-Kraft» ist eigentlich falsch, weil gar keine besonderen Kräfte im Spiel sind. Es ist nämlich auch falsch anzunehmen, der Effekt käme dadurch zustande, dass sich die Erde unter den auf ihr befindlichen Objekten «wegdrehe» und deren Trägheit für eine Kraft in die entgegengesetzte Richtung sorgen würde. In diesem Falle würde ein Zug auf einem in Nord-Süd-Richtung verlaufenden Gleis sich immer nach Westen lehnen, egal in welche Richtung er fährt, ja selbst bei Stillstand. Der Coriolis-Effekt wirkt aber nur bei Bewegung.

Die Ursache für die seltsame Erscheinung liegt darin, dass bei der Drehung der Erde Objekte am Äquator eine ziemliche Geschwindigkeit in West-Ost-Richtung besitzen (nämlich 1667 Kilometer pro Stunde), während sie am Pol in Ruhe sind. Der Coriolis-Effekt tritt nun bei jeder Bewegung auf, bei der sich der Abstand zur Erdachse verändert. Nehmen wir etwa an, eine Rakete wird vom Äquator nach Norden geschossen. Sie fliegt mit ihrer großen West-Ost-Geschwindigkeit los, gelangt aber dann in Gefilde, in der sich die Erdoberfläche langsamer bewegt. Die Folge ist eine relative Ablenkung ihrer Bahn nach Osten – auch wenn die Rakete in ihrem Bezugsrahmen die ganze Zeit geradeaus geflogen ist.

Nun schießen wir eine Rakete vom Nordpol nach Süden. Je weiter sie fliegt, desto schneller dreht sich der Erdboden unter ihr von Westen nach Osten. Das Resultat ist eine relative Ablenkung nach Westen. In beiden Fällen wird das Geschoss (auf der nördlichen Hemisphäre) nach rechts von seiner Bahn abgelenkt – egal in welcher Richtung es sich bewegt. Deshalb ergeben sich auch so schöne Strudel bei den Hoch- und Tiefdruckgebieten.

Dieser Effekt wirkt prinzipiell auch bei Zügen. Und wenn sich die Gleise der resultierenden Abweichung entgegenstellen, dann wirkt eine Kraft, die zur einseitigen Abnutzung führen könnte. Und zwar immer auf die rechte Schiene. Deshalb können wir schon einmal festhalten: Bei Gleisen, die in beiden Richtungen befahren werden, sollte gar kein Effekt feststellbar sein, weil sich die Wirkungen gegenseitig aufheben.

Aber in Deutschland sind ja die meisten Bahnstrecken zweigleisig und jedes Gleis wird vorwiegend in einer Richtung befahren. Also könnte es eine messbare Abnutzung geben. Wie groß ist sie?

An dieser Stelle muss ich mich bei Mark Brader aus Toronto bedanken, der auf meine ins Internet hineingeworfene Frage eine umfassende, überzeugende und nachvollziehbare Berechnung anstellte: Er nahm als Rechenbeispiel einen ICE-Zug (in seinem Beispiel war es ein französischer TGV), der mit 300 Kilometern pro Stunde durch die Landschaft rast. Dann beträgt die durch den Coriolis-Effekt erzeugte Kraft etwa ein Tausendstel des Zuggewichts – eine wirklich vernachlässigbare Größe. Ich habe dann noch einmal nachgefragt, mit was für einer Windkraft man das vergleichen könnte. Und mit ein paar zusätzlichen Annahmen hat mir Mark Brader dann vorgerechnet, dass dies einer konstanten Windgeschwindigkeit von 10 Kilometern pro Stunde gleichkommt – ein laues Lüftchen, das den Gleisbauern gewiss wenig Sorgen machen müsste. Jedenfalls berücksichtigt keiner von ihnen beim Bau der Schienen die Tatsache, dass in unseren Breiten der Wind vorwiegend aus Westen weht. Dass der Wind aus Westen kommt, ist natürlich eine Folge des Coriolis-Effekts.

Indianer kennen keine Höhenangst

Stimmt nicht. Dies wird gerne im Zusammenhang mit dem Bau von Wolkenkratzern Anfang dieses Jahrhunderts in Nordamerika behauptet, bei dem bevorzugt amerikanische Ureinwohner zur Montage der Stahlskelette eingesetzt wurden. Das Empire State Building, das Chrysler Building, das Rockefeller Center – die berühmtesten der älteren Wolkenkratzer wurden mit indianischen Arbeitern errichtet.

Besonders häufig wurden dabei die Irokesen angeheuert – genauer gesagt Mohawks aus dem Kahnawake-Reservat. Die Tradition geht zurück bis ins Jahr 1886, als die Eisenbahngesellschaft Canadian Pacific Railway eine Brücke über den St.-Lorenz-Strom errichtete. Bei diesem historischen Bau ging es jedoch nicht um Schwindelfreiheit, sondern es war ein Tausch: Die Eisenbahngesellschaft gab den Indianern Arbeit und dafür durfte sie ihre Gleise durchs Indianerreservat legen.

Noch heute arbeiten viele junge Indianer in der Hochbaubranche. Das mag mit der Tradition zu tun haben, aber auch mit der Arbeit: Sie erfordert es oft, Wochen oder Monate «auf Montage» zu verbringen, in denen man die Familie nur selten sieht. Die Tradition wird sogar in einem speziell auf Indianer zugeschnittenen Trainingsprogramm im US-Staat Illinois gepflegt. 14 Wochen dauert die Vorbereitung auf die Kletterarbeit.

Nichts spricht jedoch dafür, dass den amerikanischen Ureinwohnern unser Schwindelgefühl abgeht. Tatsächlich ist es wohl einfach eine Sache der Übung und eine Frage des Mutes. Zu diesem Schluss kam 1958 der Anthropologe Morris Freilich in einer Feldstudie, bei der er viel Zeit mit indianischen Arbeitern verbrachte. Und nach ein paar Gläsern gestanden sie ihm: Auch der Indianer kennt die Angst vorm Fallen – aber er schluckt sie halt mannhaft herunter. Der Rest ist Übung.

SEI TAPFER WIE EINE ROTHAUT, DIETER! SCHLUCK DEINE ANGST VORM FALLEN MANNHAFT RUNTER.
RUTSCH
SCHLUCK
BIS JETZT IST NUR DER OHRENDRUCK WEGGEGANGEN.

DER MODERNE WETTERFROSCH HAT ROLLTREPPE MIT WECHSELNDER LAUFRICHTUNG.

Der Fernsehwetterbericht ist nicht verlässlicher als die Vorhersage, das Wetter werde morgen so sein wie heute

Stimmt nicht. Die heutigen Wetterfrösche sind besser als ihr Ruf. Das jedenfalls versichert uns der bekannte Fernsehmeteorologe Uwe Wesp, der auch der Pressesprecher des Deutschen Wetterdienstes ist. (Ich gebe zu, dass der Mann parteiisch ist. Aber glauben wir ihm einmal, dass er die wissenschaftlich ermittelten Zahlen richtig weitergibt.)

Nach Wesps Auskunft beträgt die «Erhaltungsneigung» – also die Wahrscheinlichkeit, dass das Wetter morgen genauso ist wie heute – etwa 55 Prozent. Man liegt mit einer konservativen Prognose also tatsächlich in der Mehrzahl der Fälle richtig. Die professionellen Wetterpropheten dagegen schaffen heute mit ihren Vorhersagen eine Trefferquote von 90 Prozent. Darauf kann man sich fast schon verlassen bei der Entscheidung, ob man einen Regenschirm mit zur Arbeit nimmt.

Das Vorurteil mag also vor ein paar Jahrzehnten noch gestimmt haben. Heute dagegen können die Meteorologen mit modernen Verfahren und rechengewaltigen Supercomputern das Wetter in fünf Tagen genauso gut vorhersagen wie noch vor 30 Jahren lediglich das Wetter des nächsten Tages.

Weiße Flecken auf den Fingernägeln sind ein Zeichen von Kalziummangel

Stimmt nicht. Kalzium ist im Fingernagel kaum enthalten, es macht nur etwa 0,2 Prozent aus und findet sich nur an der Oberfläche der Nägel. Bei einer Recherche im Internet findet man einige Seiten, auf denen die Flecken auf zu wenig Zink zurückgeführt werden – und das entsprechende Präparat, das dem Mangel abhelfen soll, wird gleich mit angeboten.

Fragt man jedoch nach harten wissenschaftlichen Fakten, dann bleibt auch von der Zinkgeschichte nicht mehr viel übrig. Über Mangelerscheinungen als Ursache von *Leukonychia punctata* sei nichts bekannt, sagt Hansotto Zaun, der als Dermatologe an der Universität Saarbrücken gelehrt hat und so etwas wie der deutsche Fingernagelpapst ist. «Für eine Beziehung zu Erkrankungen anderer Organe bestehen keine Hinweise, obwohl darüber im Schrifttum vielfältig spekuliert wurde», schreibt er in seinem Buch «Krankhafte Veränderungen des Nagels».

Nach Auskunft von Professor Zaun sind meist mechanische Verletzungen des Nagels die Ursache für die weißen Flecken. Und weil die Mehrheit der Bevölkerung aus Rechtshändern besteht, könnte das auch erklären, warum die Flecken beim Handwerken mit Hammer und Nagel häufiger an der linken als an der rechten Hand auftreten. Die Fußnägel sind dagegen praktisch fleckenfrei. Die Anfälligkeit für die Verfärbung scheint im Übrigen erblich zu sein.

ICH BIN FROH, KEINE WEISSEN FLECKEN AUF MEINEN FINGERNÄGELN ZU HABEN, DA MIR NIEMAND MIT DER WEISHEIT KOMMEN KANN, DIESE FLECKEN SEIEN AUF KALZIUMMANGEL ZURÜCKZUFÜHREN.
ICH HABE AUCH KEINE WEISSEN FLECKEN, BIN ALLERDINGS EINFACH SO FROH DRÜBER.

Eine Flasche mit gutem Rotwein soll man ein paar Stunden vor dem Genuss öffnen, damit der Wein «atmen» kann

Stimmt nicht. Eins vorab: Die Chemie des Weins, insbesondere seiner Geschmacksstoffe, ist sehr komplex und längst nicht vollständig verstanden – sonst könnte man die feinen Tropfen ja auch synthetisch herstellen. Was den Geschmack des einen Weins verbessert, kann den anderen verderben.

Reden wir erst einmal vom Dekantieren, also vom Umgießen des Weins in eine Karaffe. Das dient hauptsächlich dazu, die abgelagerten Feststoffe, die man ungern zwischen den Zähnen hat, vom Wein zu trennen. Das sind beim Weißwein hauptsächlich Kristalle («Weinstein»), beim Rotwein eine Art Schlamm aus phenolischen Substanzen. Es gibt aber keinen vernünftigen Grund, das Stunden vor dem Genuss zu tun. Wichtig ist, dass die (verschlossene) Flasche vorher lange genug gestanden hat, damit sich die Sedimente absetzen konnten.

Was das «Atmen» des Weins betrifft: Mit der Luft ist es so eine Sache. Bei Weißweinen, insbesondere bei frischen Sorten wie dem Riesling, führt die mit dem Lüften verbundene Oxidation zu einer Geschmacksveränderung. Der Wein geht dann mehr in Richtung Sherry, «und wenn ich einen Sherry trinken will, dann kaufe ich mir einen», sagt der Gärungstechnologe Hans-Joachim Pieper von der Universität Hohenheim. Also gilt bei Weißwein generell: schnell servieren.

Bei Rotwein kann eine leichte Oxidation sowie das Entweichen von flüchtigen Stoffen durchaus angenehm sein. Außerdem verändert der Wein durch die Oxidation seine Farbe, die dann mehr in Richtung Braun geht. Je schwerer, desto mehr «Luft» kann der Wein vertragen. Bei frischen Rotweinen wie einem Trollinger kann das Dekantieren nach Piepers Auskunft dagegen «verheerend» wirken. Vorsicht ist auch bei alten Weinen geboten: Weil der Korken den Wein nicht luftdicht verschließt, haben die alten Tropfen meist schon bei der Lagerung «geatmet». Bekommen sie dann durchs Dekantieren einen «Sauerstoffschock», so können sie regelrecht umkippen. Hans-Joachim Pieper erzählte mir von einem Festbankett, bei dem er einen dreißig Jahre alten Edel-Rotwein probieren durfte, der gut «geatmet» hatte. «Der schmeckte wie Terpentin», erinnert sich der Fachmann noch heute mit Grausen.

Kurzsichtige Menschen sind intelligenter als andere

Stimmt. Wir Brillenträger wissen es natürlich aus der täglichen Erfahrung und seit über 100 Jahren haben viele statistische Untersuchungen den Zusammenhang zwischen Kurzsichtigkeit und Intelligenz belegt. Die wohl umfangreichste Datensammlung umfasste 157 748 israelische Rekruten. Ergebnis: In der Gruppe mit dem niedrigsten IQ waren 8 Prozent kurzsichtig, in der mit dem höchsten IQ dagegen 27,3 Prozent. Man kann den Zusammenhang auch anders ausdrücken: Im Schnitt schaffen Kurzsichtige etwa 7 bis 9 Punkte mehr beim IQ-Test. Doch so überwältigend die statistischen Belege sind, so dürftig sind die Erklärungen. Kurz gesagt: Keiner weiß, worauf dieser Zusammenhang beruht. Was die Wissenschaftler nicht davon abhält, wild zu spekulieren.

Die älteste Erklärung: Intelligente Kinder lesen mehr und verderben sich dadurch die Augen. Nun ist es aber höchst umstritten, inwieweit man durch Lesen überhaupt seine Augen schädigen kann. Ebenso wackelig ist die umgekehrte Erklärung: Kinder mit schlechten Augen gehen nicht so gern nach draußen, sondern beschäftigen sich mit «Nah-Aktivitäten» wie Lesen und schärfen so ihren IQ. Aber aller Erfahrung nach lässt sich der Intelligenzquotient nur sehr bedingt auf diese Weise verbessern.

Bleibt die Genetik. Gibt es ein Gen (oder mehrere), das auf geheimnisvolle Weise gleichzeitig für hohe Intelligenz und für schlechte Augen sorgt? Auf diese These haben in den letzten Jahren einige Forscher ihr Augenmerk gerichtet, etwa indem sie die Geschwister von hochintelligenten Kurzsichtigen untersucht haben. Mit einer überraschend simplen Erklärung wartet Edward Miller von der Universität von New Orleans auf: Es gibt eine Korrelation zwischen Intelligenz und Gehirngröße und ebenso eine zwischen der Kurzsichtigkeit und der Größe des Augapfels. Wenn es ein Gen gibt, das Auge und Hirn überdurchschnittlich wachsen lässt, dann könnte dort der Zusammenhang liegen. Aber das ist bislang nur eine hübsche Spekulation.

Die Buchstabenanordnung auf der Tastatur von Schreibmaschinen und Computern wurde einst so gewählt, dass der Schreiber nicht schneller tippte, als es die damalige Technik umsetzen konnte

Stimmt nicht. Die Anordnung «Qwerty» (benannt nach den ersten sechs Tasten auf der englischen Tastatur) wird oft als Paradebeispiel für die These angeführt, dass sich in der Technik schlechte Lösungen durchsetzen, wenn die Marktmacht eines Herstellers groß genug ist. Andere Beispiele sind das VHS-System bei Videokassetten, das das angeblich bessere Betamax-Format vom Markt drängte, oder die DOS- und Windows-Rechner, unter denen 90 Prozent aller Computerbenutzer leiden müssen. Ökonomen streiten sich darüber, ob sich tatsächlich schlechte Lösungen auf Dauer festsetzen können oder sich am Markt irgendwann gesetzmäßig eine bessere Variante durchsetzt.

Doch zurück zur Schreibmaschine: Im Jahr 1868 entwickelte Christopher Latham Sholes die Tastatur, nach deren Muster auch heute noch die Tasten angeordnet sind, das «Qwerty-System» (auf deutschen Maschinen ein «Qwertz»-System). Die Legende sagt nun, Sholes habe sein System so gewählt, dass das Schreiben möglichst umständlich und langsam vonstatten ginge. Das sei damals nötig gewesen, weil sich bei den frühen Schreibmaschinen sehr leicht die Typenhebel verhakten.

Dieser weit verbreiteten Geschichte zufolge ist die Qwerty-Anordnung verantwortlich für Sehnenscheidenentzündungen von Millionen Tipperinnen und Tippern. Dabei hätte es weitaus bessere Systeme gegeben, allen voran die Dvorak-Tastatur, entwickelt 1936 von dem Amerikaner August Dvorak. Der siedelte alle Vokale links an, die wichtigen Konsonanten rechts, und zwar so, dass die häufigsten Buchstaben in einer Reihe liegen.

Eine kleine Schar von Enthusiasten ist seiner Tastatur noch heute treu. Man arbeite mit ihr unschlagbar schnell und bequem, sagen diese Leute. Dass trotzdem nicht alle Welt damit schreibt, erklären sie mit dem enormen Aufwand für eine Umstellung.

Die beiden US-Wirtschaftswissenschaftler Stan Liebowitz und Stephen Margolis, zwei radikale Marktwirtschaftler, haben anhand historischer Quellen versucht, der Qwerty-Legende auf den Grund zu gehen. Ihr Ergebnis: Die Geschichten über Qwerty und seine überlegenen Konkurrenten gehören fast alle ins Reich der Fabel. Zum Beispiel galt es stets als ausgemacht, dass der endgültige Sieg dieser Tastatur auf einen spektakulären Schnellschreibwettbewerb am 25. Juli 1888 in Cincinnati zurückgeht. Zu dieser Zeit gab es noch mehrere konkurrierende Systeme. Frank McGurrin trat auf einer Remington mit Qwerty-Tastatur gegen Louis Taub an, der auf einer Caligraph-Schreibmaschine tippte, und gewann mit Abstand.

Liebowitz und Margolis begaben sich ins Zeitungsarchiv und wälzten alte Jahrgänge der *New York Times*. Sie fanden tatsächlich Berichte über den Schnellschreiber McGurrin, der über Monate hinweg die Wettbewerbe dominierte. Aber sie fanden auch Berichte über andere Tippkünstler, die auf anderen Maschinen mit anderen Tastaturen noch beeindruckendere Ergebnisse erzielten. Das epochale Ereignis von Cincinnati scheint in der Rückschau eines unter vielen gewesen zu sein – von einem eindeutigen Gewinner keine Spur. Noch bis in die zwanziger Jahre unseres Jahrhunderts war der Wettbewerb durchaus offen. Am Ende setzte sich dann das Qwerty-System des Marktführers durch.

Und schreibt man nun auf Qwerty-Tastaturen langsamer als auf Systemen wie dem von Dvorak? Auch hier förderten die bei-

HIER LIEGT DER ERFINDER DES TASTATUR-SYSTEMS VON SCHREIB-MASCHINEN UND COMPUTERN.
QWERTY
HÖRT, HÖRT
FRIEDE SEINER
A C
S
HE

den Autoren Interessantes aus den Archiven zutage. Der meistzitierte Beleg für die Überlegenheit des Dvorak-Systems ist eine Studie der US-Navy aus dem Zweiten Weltkrieg. Sie habe erbracht, heißt es, dass Stenotypisten und Sekretärinnen auf Dvorak-Maschinen erheblich schneller schreiben könnten. Die Kosten der Umschulung von Qwerty auf Dvorak könnten sich binnen zehn Tagen amortisieren.

Ist es vorstellbar, so überlegten Liebowitz und Margolis, dass sich kapitalistische Firmen mit vielen Schreibkräften einen solchen Reibach entgehen ließen? Sie fanden die Studie und konnten ihr eine erbärmliche wissenschaftliche Qualität nachweisen. Und der Topexperte der Navy für Ergonomiestudien war zu dieser Zeit niemand anders als der Tastaturerfinder August Dvorak.

Es gibt unterschwellige Werbung im Kino und im Fernsehen und sie funktioniert

Stimmt nicht. Zwar kann die unbewusste, unterschwellige Wahrnehmung diffus die Stimmung des Menschen beeinflussen, eine konkrete Werbebotschaft lässt sich so aber kaum vermitteln.

Die Geschichte der subliminalen Werbung begann am 12. September 1957. Auf einer viel beachteten Pressekonferenz berichtete der Amerikaner James Vicary von einem sechswöchigen Experiment, das er angeblich durchgeführt hatte: In einem Kino in Fort Lee im US-Staat New Jersey waren bei einer Filmvorführung alle fünf Sekunden die Werbebotschaften «Iss Popcorn!» und «Trink Cola!» eingeblendet worden – angeblich so kurz, dass sie bewusst nicht wahrnehmbar waren. Schon das macht stutzig: Ein kinotechnisch beschlagener Leser machte mich darauf aufmerksam, dass bei einem Film mit 24 Bildern pro Sekunde schon ein einzelnes Bild etwa vier hundertstel Sekunden dauert – und das ist alles andere als unterschwellig. Man erzeugt so zum Beispiel einen «Blitzlichteffekt», indem man ein einzelnes weißes Bild in den Film schneidet. Unterschwellig oder nicht – angeblich stieg in dem Kino der Konsum von Cola um 18, der Popcornverbrauch sogar um 58 Prozent.

Vicarys Firma Subliminal Projection Co. wurde über Nacht bekannt und die Nachricht löste in den USA eine regelrechte Hysterie aus. Die Nachricht passte gut zu der Angst vor psychologischen Werbemethoden, die Vance Packards Buch «Die heimlichen Verführer» heraufbeschworen hatte.

Ein New Yorker Gericht verbot diese Form der Werbung, die Fernsehsender erklärten feierlich, auf die neue Methode freiwillig zu verzichten.

Reproduzieren ließen sich Vicarys Ergebnisse freilich kaum.

Das kanadische Fernsehen machte 1958 einen Versuch, indem es

352-mal innerhalb einer halben Stunde die Nachricht «Telefoniere jetzt!» über den Bildschirm flimmern ließ. Von 500 befragten Zuschauern äußerte nur einer das Bedürfnis, zum Hörer zu greifen. Viele berichteten dagegen von spontanem Hunger oder Durst. Fragwürdig ist auch das Ergebnis einer Studie, bei der eine Gruppe von Studenten einen Film sah, bei dem das Wort «beef» («Rindfleisch») eingeblendet wurde. Sie artikulierten danach ein stärkeres Hungergefühl als eine Kontrollgruppe, die den Film ohne die Botschaft gesehen hatte. Kleiner Fehler im Versuchsdesign: Der unterschwellige Film wurde vor, der werbefreie Film nach dem Mittagessen gezeigt.

Vicary hat einige Jahre später in einem Interview mit der Zeitschrift *Advertising Age* zugegeben, dass seine Versuche nicht sehr seriös waren. «Ich hatte nur wenige Daten – zu wenige, als dass sie von Bedeutung gewesen wären.» Heute wird sogar bezweifelt, dass die Versuche je stattgefunden haben.

Trotz dieses offensichtlichen PR-Gags war der Glaube an die unterschwellige Werbung auch in den folgenden Jahrzehnten nicht totzukriegen. 1973 veröffentlichte Bryan Key den Bestseller «Subliminal Seduction» («Unterschwellige Verführung»), in dem er überall Geheimbotschaften meist sexuellen Inhalts sah – im Punktmuster auf einem Ritz-Cracker, in einem Foto mit Meeresfrüchten, im Namen der Zigarettenmarke «Kent». Das erinnert doch eher an die Leute, die beim Rorschach-Test in jedem Tintenklecks eine sexuelle Konnotation entdecken. Eltern haben die Rockgruppe Judas Priest beschuldigt, mit der unterschwelligen Botschaft «Do it!» («Tu's!») zwei Teenager in den Selbstmord getrieben zu haben (die Musiker wurden freigesprochen). Und christliche Fundamentalisten sehen Schweinkram in jedem Disney-Zeichentrickfilm.

Der Psychologe Stefan Müller, Marketingexperte an der Technischen Universität Dresden, fasst die heutigen Erkenntnisse über die unterschwellige Werbung so zusammen: «In sorgfältig

GLEICH KOMMEN DIE UNTERSCHWELLIGEN WERBEBOTSCHAFTEN, DA MUSS ICH IMMER RAUS UND POPCORN UND COLA KAUFEN!

kontrollierten Einzelversuchen können Vorgänge, die als unterschwellige Wahrnehmung bezeichnet werden, zu diffusen emotionalen Konditionierungen beziehungsweise Umbewertungen führen. Eine an den Erkenntnissen der modernen Verhaltenswissenschaften orientierte ‹überschwellige Werbung› wird jederzeit effizienter sein können als dieser selbst unter günstigsten Bedingungen allenfalls schwach wirkende Ansatz.» Mit anderen Worten: Die deutlich sichtbare Botschaft «Trink Coke!» wirkt besser als die unterschwellige.

«Zeit» ist das am häufigsten benutzte Substantiv der deutschen Sprache

Stimmt nicht. Sosehr es der Zeitung schmeichelt, für die ich arbeite: Es kommt darauf an, wer da was zählt. Ein Hobbylinguist namens Helmut Meier hat 1967 eine «Deutsche Sprachstatistik» veröffentlicht, in der er die meistbenutzten deutschen Wörter aufzählte. Die Liste beginnt mit *die, der, und, in* ... und auf Platz 90 steht als erstes Substantiv tatsächlich das Wort *Zeit.* Als nächste Hauptwörter folgen *Herr, Jahre, Mann* und *Paragraf.*

Das Problem ist nur: Der Herr Meier hat niemandem erzählt, wie er an seine Liste gekommen ist. Fragt man die Profis beim Mannheimer Institut für deutsche Sprache, so erhält man eine ganz andere Rangfolge, die aus einem 400 Millionen Wörter umfassenden Textkorpus ermittelt wurde: Die Top Ten sind *Jahr, Mark, Uhr, Prozent, Frau, Land, Million, Mensch, Tag* und *Stadt.*

Aber reden wir Deutschen wirklich so viel von Paragrafen und Prozenten? Die Listen lassen stutzen und darauf schließen, was für Texte die Sprachforscher in ihre Untersuchungen einbezogen haben mögen. Bei Herrn Meier findet man Gott und die Welt, Glaube und Gesetz ziemlich weit vorne – ein Hinweis auf juristische und theologische Quellen, wahrscheinlich hat der Mann die Bibel ausgezählt. Die Mannheimer Forscher haben vor allem Zeitungstexte ausgewertet. Was dagegen der Mann und die Frau auf der Straße sagen, protokolliert zum Glück niemand.

In Norddeutschland sind die Gelbphasen bei Verkehrsampeln deutlich länger als in Süddeutschland

Stimmt. Dass tatsächlich in Hamburg die Ampeln länger Gelb zeigen als anderswo, bestätigen viele zugereiste Autofahrer. Trotzdem wäre es unangebracht, den süddeutschen Behörden zu unterstellen, dass sie Nordlichter damit gezielt irreführen würden, um dann ein gepfeffertes Bußgeld zu kassieren. Es sind nämlich nicht etwa die süddeutschen Gelbphasen zu kurz, sondern die norddeutschen zu lang.

Wer nun glaubt, jede Stadt könne ihre Ampelphasen völlig beliebig einstellen, der unterschätzt die Regelungsdichte unseres Gemeinwesens. Es gibt nämlich bundesweite «Richtlinien für Lichtsignalanlagen» (RiLSA) und darin steht klipp und klar: «Die Übergangszeit GELB (t_G) richtet sich bei Kraftfahrzeugströmen nach der zulässigen Höchstgeschwindigkeit in der Zufahrt.» Und bei Straßen mit einem Tempolimit von 50 km/h soll das Gelb vor Rot drei Sekunden dauern. Dann aber heißt es: «Für Lichtsignalanlagen im Zuge durchgehender Straßen ... kann eine Übergangszeit von $t_G = 4$ s zweckmäßig sein.» Die Richtlinie geht davon aus, «dass Fachleute aufgrund ihrer Sachkenntnis und Erfahrung bereit und in der Lage sind, falls erforderlich, in Eigenverantwortung von den fixierten Grundlagen und Grundsätzen abzuweichen». Eine deutsche Bestimmung, die auf Eigenverantwortung setzt, man höre und staune! Und so gibt es in Hamburg an vielen Kreuzungen Ampeln mit einer luxuriösen Gelbphase von vier Sekunden – ich habe eigens zur Beantwortung dieser Frage umfangreiche Messungen durchgeführt. Bei einer Stichprobe in Berlin dagegen hielten sich alle Ampeln an die 3-Sekunden-Richtlinie – auch auf «durchgehenden Straßen».

Zugegeben, nicht gerade ein repräsentatives Experiment. Aber zum Glück habe ich ja eifrige Leser: Mehrere Zuschriften haben mir das Nord-Süd-Gefälle bei den Gelbphasen bestätigt. Norddeutsche sollten also wirklich auf der Hut sein, wenn sie sich in den Süden der Republik begeben.

Durch das Einschlagen eines Kupfernagels kann man einen Baum töten

Stimmt nicht. Wenn der Baum des Nachbarn einem die Aussicht versperrt oder wenn man einen geschützten Baum auf dem eigenen Grundstück loswerden will – die Kupfernagelmethode gehört ins Reich der Fabel. Zwar ist Kupfer in hohen Konzentrationen giftig für Pflanze, Mensch und Tier. So kann man etwa Bakterien im Blumenwasser damit bekämpfen, dass man einen Kupferpfennig in die Vase gibt. Manche schützen auch ihre Tomatenpflanzen vor Schädlingsbefall, indem sie einen Kupferdraht durch den Stängel ziehen. Das deutet schon darauf hin, dass Pflanzen die Kupferattacke besser verkraften als Tiere, Menschen und Mikroben. Bäumen kommt zugute, dass sie die Fähigkeit besitzen, lokale Verletzungen regelrecht abzukapseln, sodass Gift nicht in den «Kreislauf» der Pflanze gerät.

Aber es geht doch nichts über einen praktischen Versuch. In der Staatsschule für Gartenbau an der Universität Stuttgart-Hohenheim hat man sich im Mai 1976 darangemacht, die Legende zu überprüfen. Die Stämme von Fichten, Birken, Ulmen, Zierkirschen und Eschen wurden mit jeweils fünf bis acht dicken Kupfernägeln beschlagen. Zur Kontrolle machte man auch noch Versuche mit Nägeln aus Messing, Blei und Eisen. Das ist jetzt über 20 Jahre her – und alle so malträtierten Bäume haben die Tortur überlebt, die meisten erfreuen sich heute noch blühender Gesundheit. Einige wurden gefällt, zur Kontrolle oder weil sie einfach Platz machen mussten. Der Kupfernagel hatte sich nicht etwa aufgelöst, sondern war fast unverändert erhalten geblieben. Allenfalls hatte sich um den Nagel herum das Holz ein wenig braun gefärbt. Das war's dann aber schon. Wen der Baum in Nachbars Garten stört, der sollte andere Methoden auspro-

bieren. Vielleicht könnte man es mal mit Reden versuchen? Mit dem Nachbarn natürlich, nicht mit dem Baum.

Die GEZ fährt mit Radarwagen durch die Straßen, um Schwarzseher aufzuspüren

Stimmt nicht. Auch wenn fast jeder meint, die Peilwagen mit der kreisförmigen Antenne schon einmal gesehen zu haben. Aber die kommen weder von der GEZ, noch dienen sie dem Aufspüren von nicht angemeldeten Fernsehgeräten.

Es ist wohl das schlechte Gewissen der Schwarzseher, das dem Gerücht ein so langes Leben beschert. Die Gebühreneinzugszentrale (GEZ) ist ja eigentlich eine recht zahnlose Behörde. Sie verfügt nicht über technische Mittel, um Schwarzseher aufzuspüren, sondern setzt auf die bekannten freundlichen Mitarbeiter des Außendienstes, die an der Wohnungstür gerne so hartnäckige Fragen stellen. Und die muss man ja nicht einmal hereinlassen. Auch dass die GEZ-Mitarbeiter Mülltonnen auf der Suche nach Fernsehzeitschriften durchwühlen, gehört wohl in das Reich der Legende.

Seit 1976 treibt die GEZ die Gebühren ein, vorher war der Briefträger dafür zuständig. Die Post kümmerte sich damals auch um die Vergabe von Sendefrequenzen. Diese Aufgabe ist nun auf die Regulierungsbehörde für Telekommunikation und Post (RegTP) übergegangen. Und die schickt auch tatsächlich die besagten Wagen durch die Straßen – aber nicht, um Empfangsgeräte aufzuspüren, sondern um Sender ausfindig zu machen, die den Funkverkehr stören. Das können Schwarzsender sein, aber in 80 Prozent der Fälle sind es einfach defekte Funkgeräte, etwa in Taxis. «Wir sind keine Schnüffler», beteuert Harald Dörr, Sprecher der RegTP, «aber selbst in der Bundesregierung hält sich das Gerücht, dass wir die Schwarzseher jagen.»

Wäre es denn wenigstens theoretisch möglich, Schwarzseher zu «peilen»? Beim Empfang wird jedes Fernsehgerät durch seine

WO ICH HÄNSEL UND GRETEL GEMÄSTET HABE? DA STEHT JETZT MEIN PEILWAGEN.

Bildröhre auch zum Sender. Es gibt ja zum Beispiel durchaus die Möglichkeit, Computermonitore auf diese Weise «abzuhören». In der Frühzeit des Fernsehens war das vielleicht sogar eine Möglichkeit, zahlungsunwillige Zuschauer zu orten. Aber heute, wo in jedem Mietshaus Dutzende Fernseher gleichzeitig laufen, wäre der Versuch recht aussichtslos.

Ein gutes Pils braucht sieben Minuten

Stimmt nicht. «Wer sein Bier sieben Minuten lang zapft, der serviert den Gästen ein schlaffes Getränk, das müde auf der Zunge liegt», sagt Erich Dederichs vom Deutschen Brauer-Bund. Ich zitiere aus seinem Aufsatz «Die Legende vom Sieben-Minuten-Pils»: «Während der Gast mit lechzender Zunge darauf wartet, dass sein Bier nun endlich kommt, entdeckt er, dass hinter dem Tresen auch noch mehrere halb gefüllte Gläser stehen. Irgendwie sehen sie halb fertig aus, weil kaum noch Schaum vorhanden ist. Und diese Gläser füllt der Wirt dann auch noch mit frischem Bier auf. Den Gast graust es, wenn er daran denkt, wie warm das Bier inzwischen geworden ist und dass die Kohlensäure inzwischen überall sein dürfte, nur nicht mehr in diesem Glas. Den meisten dürfte der Durst inzwischen vergangen sein, mit Recht.»

In die gleiche Kerbe schlägt auch Annette Heinemann, Pressesprecherin des Deutschen Hotel- und Gaststättenverbandes: Die Sieben-Minuten-Regel sei auf die früher üblichen Zapfanlagen zurückzuführen. «Heutzutage gibt es fast ausschließlich komfortable Kegs (Edelstahlfässer) und drei gängige Zapfhähne, den Kükenhahn, den Kolbenhahn und den Kompensatorhahn», erklärt Frau Heinemann. «Diese Hähne in Kombination mit einer heute üblichen Zapfanlage ermöglichen ein schnelles Zapfen des Bieres.»

Und so beschreibt Erich Dederichs den formvollendeten Zapfvorgang: «Das Glas wird schräg gehalten und aus dem Zapfhahn läuft das Bier langsam am Rand des frisch gespülten kalten Glases herunter, bis das Glas halb voll ist. Eine Minute lang bleibt das Bierglas jetzt stehen. Anschließend wird nachgezapft, aber ohne den Zapfhahn ins Bier einzutauchen, denn sonst wird Luft ins Bier gedrückt und die Kohlensäure geht verloren. Und dann folgt die ‹Krönung›: Nach etwa einer weiteren Minute wird mit einer halben Öffnung des Zapfhahnes die Schaumkrone aufgesetzt. Das Ergebnis: ein Glas mit einem frischen, spritzigen Pils mit grobporigem, festem Schaum, das man zehn bis fünfzehn Minuten trinken kann, ohne dass das Prickeln verloren geht.» Bei dieser Schilderung läuft einem glatt das Wasser im Mund zusammen. Und wer mitgerechnet hat, weiß jetzt: Ein gutes Pils ist heutzutage in knapp drei Minuten servierfertig. «Wenn Ihr Gastwirt das nicht kann oder will», schimpft Dederichs, «dann gibt es nur einen Tipp: Wechseln Sie die Gaststätte!»

Bei Gewitter sollte man den Netzstecker und das Antennenkabel des Fernsehers herausziehen

Stimmt. Tatsächlich kann ein Fernseher, ebenso wie Computer und andere elektronische Geräte, durch so genannte Überspannungen beschädigt werden.

Die Fachleute unterscheiden bei Gebäuden zwischen dem äußeren und dem inneren Blitzschutz. Beim äußeren handelt es sich um den bekannten Blitzableiter – der sorgt dafür, dass die Energie eines Blitzes, der ins Haus einschlägt, in die Erde abgeleitet wird. Er schützt das Haus vor allem vor Feuer.

Der innere Blitzschutz dagegen sorgt dafür, dass alle Metallleitungen und Installationen im Haus im Fall eines Blitzeinschlages keinen Schaden nehmen (durch einen so genannten «Potentialausgleich»). Empfindliche Geräte können aber auch schon beschädigt werden, wenn der Blitz gar nicht ins eigene Haus einschlägt – auch ein Gewitter in einem Kilometer Entfernung kann per Induktion zu hohen Spannungen führen. Die zerstörerische Energie kann durch alle Leitungen in das Gerät gelangen, also sowohl übers Stromnetz als auch über das Antennenkabel. Dabei ist es egal, ob man sein Fernsehbild über eine Hausantenne, per Satellit oder per Kabel empfängt. Bei Computern ist auch die Telefon- oder Datenleitung eine Gefahrenquelle.

Deshalb ist es wirklich ratsam, bei Gewitter alle Stecker aus Fernseher und Computer herauszuziehen. Und auch vor der Urlaubsreise ist das eine gute Vorsichtsmaßnahme. Wem das zu mühselig ist oder wer auch bei Blitz und Donner nicht auf die Flimmerkiste verzichten will, für den gibt es Überspannungsschutzgeräte, die sich direkt vor das Gerät schalten lassen und die gefährlichen Spannungsspitzen verhindern.

DAS? DAS IST EIN ALTES ÜBERSPANNUNGSGERÄT. DIE NEUEREN WERDEN BEI GEWITTER VOR DEN FERNSEHER GESCHALTET, DIE ALTEN NOCH GESCHNALLT.

Neun Monate nach dem großen Stromausfall in New York stieg die Geburtenrate deutlich an

Auch wenn diese Geschichte romantisch klingt: Sie stimmt nicht. Urheber der Legende war wohl die *New York Times*, die am 10. August 1966, neun Monate nach dem Blackout vom 9. November 1965, von ungewöhnlich hohen Geburtenraten berichtete: 28 statt durchschnittlich 11 im Mount Sinai Hospital, 29 statt 20 im Bellevue Hospital und so weiter. Jeder Statistiker weiß, dass es solche Ausreißer immer gibt – in einer Stadt mit vielen Krankenhäusern kann man sie fast täglich finden. Trotzdem fand sich ein Soziologe, der darin einen Effekt sah und kommentierte: «Unsere Daten zeigen, dass die meisten Menschen zu Hause blieben. Sie hatten keinen Zugang zu ihrem Hauptvergnügen – dem Fernsehen. Unter diesen Umständen ist es nicht unvernünftig anzunehmen, dass eine Menge Sex stattfand.»

Die *Times* schlachtete die Geschichte auch in den folgenden Tagen aus, interviewte frisch gebackene Eltern, die sich zu ihrem Treiben in der fraglichen Nacht bekannten und darauf hinwiesen, dass man ja auch in Pompeji eng umschlungene Paare ausgegraben hätte.

Als sich dann 1970 endlich jemand wissenschaftlich mit den Daten auseinander setzte, blieb von dem «blackout boom» nicht viel übrig: Richard Udry von der University of North Carolina analysierte in der Fachzeitschrift *Demography* die kompletten Geburtsstatistiken von New York. Zunächst einmal betrachtete er nicht einen einzelnen Tag neun Monate nach dem Stromausfall, sondern die sechs Wochen, in denen statistisch gesehen 90 Prozent der Babys zur Welt kommen. Die fragliche Periode im Jahr 1966 verglich er mit der entsprechenden Zeit in den fünf vorangegangenen Jahren – eine ungewöhnliche Häufung war nicht festzustellen.

Udrys Artikel schließt mit den Worten: «Glauben wir nicht, dass eine einfache statistische Analyse wie diese mit dem Mythos der ‹blackout babys› aufräumen wird. Neun Monate nach dem großen Schneefall von 1967 in Chicago berichteten die Krankenhäuser, dass sie sich auf eine Lawine von ‹Schneebabys› vorbereiten würden. Viele finden offenbar Gefallen an der Vorstellung, dass die meisten Menschen, die durch ein unvorhergesehenes Ereignis von ihren gewöhnlichen Aktivitäten abgehalten werden, sich der Kopulation zuwenden.»

DER EINZIGE WEG, DIE KOHLENSÄURE NACH DEM SCHÜTTELN ZU BERUHIGEN, IST ABWARTEN UND TEE TRINKEN.
COKE

Wenn man ein paar Mal mit dem Finger auf den Deckel einer Getränkedose klopft, beruhigt man die Kohlensäure und verhindert das Überschäumen

Stimmt nicht. Zwei Jahre lang wurde mir diese Frage immer wieder von Lesern gestellt und ich habe lange mit der Antwort gezögert. Denn obwohl das Phänomen sehr populär ist, ist die wissenschaftliche Datenlage mehr als dünn. Bei den Herstellern von Getränken und Dosen gibt man sich unwissend. Die Dame vom Informationszentrum Weißblech will noch nie etwas davon gehört haben. Nach einer halben Stunde ruft sie aufgeregt zurück: «Es stimmt, es stimmt!»

Von wissenschaftlich kontrollierten Versuchen zu dem Phänomen ist mir nichts bekannt. Also habe ich selbst mit ein paar geschüttelten Dosen Bier und Cola einen Versuch durchgeführt, jeweils mit Klopfen und ohne. Ergebnis: null. In einer Diskussionsgruppe im Internet, wo die Frage (wie üblich) länglich diskutiert wurde, waren die Berichte ähnlich. Es ist also davon auszugehen, dass der Effekt nicht existiert, es also auch nichts zu erklären gibt.

Was passiert überhaupt beim Schütteln von Getränkedosen? In der Zuckerbrause ist Kohlensäure unter Druck gelöst. Beim Schütteln ändert sich der Innendruck der Dosen nicht, aber es bilden sich kleine Bläschen. Wird die Dose dann geöffnet, sinkt der Druck, die Bläschen fungieren als eine Oberfläche, an der das Kohlendioxid austreten kann, sie steigen nach oben, reißen die Flüssigkeit mit sich und die Katastrophe ist da.

Was soll das Klopfen in diesem Fall bewirken? Eine Erklärung ist, dass sich dadurch die kleinen Bläschen zu größeren vereinigen, an die Oberfläche steigen und platzen. Aber schließlich ist das Klopfen auch nur eine weitere Erschütterung – und «woher weiß die Dose, dass menschliches Klopfen weniger, unbeabsichtigtes Rütteln mehr Schaum ergeben soll?», wie ein Diskutant im «Stimmt's?»-Forum fragte. Der einzige Weg, die Kohlensäure nach dem Schütteln zu «beruhigen», ist Abwarten. Dann löst sich das überschüssige CO_2 wieder auf und das Gleichgewicht ist wiederhergestellt. Das Pochen auf die Dose ist wohl doch nur eine Marotte.

Beim Betreten des Mondes stolperte Neil Armstrong über seine berühmten ersten Worte

Stimmt. Tatsächlich gibt es einige Verwirrung über die berühmten Worte, die Armstrong vor genau 30 Jahren gesprochen hat. Es gibt ein Gerücht, nach dem der Spruch von dem Schriftsteller Norman Mailer erdacht worden sei. Das streitet Armstrong jedoch ab: «Ich habe vorher drüber nachgedacht. Es war weder völlig spontan, noch war es geplant. Es hat sich im Verlauf des Fluges entwickelt und die endgültige Entscheidung habe ich erst auf dem Mond getroffen, kurz bevor ich das Landefahrzeug verließ.» So war er also auf den schönen Satz gekommen: «Dies ist ein kleiner Schritt für einen Menschen, aber ein riesiger Sprung für die Menschheit.» («That's one small step for a man, one giant leap for mankind.») In der verständlichen Aufregung verdarb er sich dann aber seine Pointe und sagte: «One small step for man» – auf Deutsch: «Ein kleiner Schritt für den Menschen». Ich habe mir den Tonmitschnitt noch einmal angehört – ein Zweifel ist unmöglich.

Die NASA-Oberen wollten den historischen Spruch wohl retten und bestanden auch nach drängenden Fragen von Journalisten darauf, dass Armstrong «a» gesagt habe. Erst Jahre später gab man zu, dass man den Mondpionier behutsam korrigiert hatte.

An dieser Stelle können wir dann auch gleich eine andere Legende aufklären. Armstrong soll bei der Mondlandung die Worte «Viel Glück, Mr. Gorsky!» ausgesprochen haben, mit dem folgenden Hintergrund: Der kleine Neil spielte als Kind im Garten mit seinem Bruder Ball. Der Ball landete vor dem Schlafzimmerfenster der Nachbarn, Familie Gorsky. Armstrong lief hin und hörte, wie Frau Gorsky zu ihrem Mann sagte: «Oralsex? Du willst Oralsex? Den bekommst du, wenn der Nachbarsjunge auf dem Mond ist!» Dazu ist zu sagen: Der Satz ist während der gesamten Appollo-Mission niemals gefallen und auch Armstrong hat die Legende stets dementiert.

DIES IST EIN KLEINER SCHRITT FÜR...
KLONK
NASA
NASA
NASA
HIER HOUSTON! BITTE BEACHTEN SIE! DIE FAST VÖLLIGE SCHWERE-LOSIGKEIT AUF DEM MOND BEGINNT BEREITS IN DER RAKETE.

Hinter einer Glasscheibe kann man nicht braun werden

Stimmt. Jedenfalls gilt das für Fensterglas und das Verbundglas der Autofenster. Doch es gibt durchaus Spezialgläser, die ultraviolettes Licht durchlassen – sonst wäre die Herstellung von Neonröhren für Solarien verlorene Liebesmüh.

Braun werden ist ein komplizierter Vorgang, wie mir Günther Mattes vom Glashersteller Vegla erklärt hat. Die gefährlichsten UV-Strahlen sind die kurzwelligen UVC-Strahlen, vor denen uns die Ozonschicht in der Atmosphäre schützt. Die UVB-Strahlen (Wellenlänge 280 bis 315 Nanometer) stimulieren an der Hautoberfläche die Produktion von Pigmenten, sind also die eigentlich bräunenden Strahlen. Die längerwelligen UVA-Strahlen (315 bis 380 Nanometer) dringen tiefer ein und können die unteren Hautschichten schädigen, ohne dass ein Effekt sichtbar wird. Um braun zu werden, braucht der Mitteleuropäer allerdings beide UV-Typen.

Fensterglas (Fachterminus: «Floatglas») blockt UVB-Strahlen fast komplett ab, lässt aber UVA-Strahlen durch. Deshalb wird man hinter der Glasscheibe nicht braun, eine vorzeitige Alterung der Haut oder eine Sonnenallergie sind dennoch möglich. Autowindschutzscheiben bestehen dagegen heute meist aus Verbundglas. Die darin verarbeiteten Folien sorgen dafür, dass praktisch das gesamte UV-Spektrum absorbiert wird.

Die Eskimos haben mehr als zwanzig Ausdrücke für Schnee

Stimmt nicht. Ein schönes Beispiel für die inflationäre Verbreitung einer Legende: Der Anthropologe Franz Boas erwähnte Anfang des Jahrhunderts, die Eskimos hätten vier Wortstämme für Schnee – als Beleg für die Komplexität angeblich «primitiver» Sprachen. Ein Schüler von Boas war Edward Sapir und bei dem studierte wiederum Benjamin Lee Whorf, auf den die so genannte «Sapir-Whorf»-Hypothese zurückgeht, nach der unser Denken von der Sprache bestimmt (und begrenzt) wird. Bei Whorf waren es schon sieben Schneewörter und dann nahmen die Dinge ihren Lauf: Manchmal hört man, dass die Inuit Hunderte von Schneearten unterscheiden. Die Ausbreitung der Legende wurde auch kaum gestoppt, als der Linguist Geoff Pullum 1991 das Buch «The Great Eskimo Vocabulary Hoax» («Der große Eskimo-Wortschatz-Schwindel») veröffentlichte. Ein Zitat: «Die angeblichen lexikalischen Extravaganzen der Eskimos passten so gut zu den vielen anderen Facetten ihrer polysynthetischen Perversion: Nasenreiben; ihre Frauen an Fremde verleihen; rohen Seehund-Glibber essen; die Oma aussetzen, damit sie von Eisbären gefressen wird.»

Tatsächlich ist die Zahl der Eskimowörter für Schnee erstaunlich klein. Die Zählung ist schwierig, weil die Eskimosprachen agglutinierend sind, das heißt, sie verschmelzen viele Satzteile zu Riesenwörtern. Zählt man nur die Wortstämme, so kommt man kaum auf zehn. Und wenn man überlegt, dass wir auch in unseren Breiten von einer ganzen Palette verschiedener Schneearten reden, dann ist das nicht gerade ungewöhnlich. So kennen die Einheimischen in den Alpen rund zwanzig Ausdrücke für die weiße Pracht. Da findet sich Locker- und Wild-, Neu- und Pappschnee. Da kennt man filzigen Schnee und Oberflächenreif, fachsimpelt über Harsch, Firn und Sulz. Der Skifahrer schwingt sich durch Pulver- und Faulschnee oder er gerät in eine auf Schwimmschnee zu Tal donnernde Schneebrettlawine.

WIR HABEN
MEHR ALS
20 AUSDRÜCKE
FÜR SCHNEE!
IM IGLU NACH →
UMUK FRAGEN

TEXTIL
FKK
WENN DIE BIRNE SO ALT IST WIE DER SCHIRM, IST ES 'NE LANG-LEBIGE.

Technisch könnte man Glühbirnen mit nahezu unbegrenzter Lebensdauer produzieren, aber die Herstellerfirmen verhindern dies

Stimmt. Über die Motive der Glühbirnenhersteller möchte ich hier gar nicht spekulieren, sondern nur ein paar Fakten aufzählen.

1. Jede Glühlampe (so heißt es richtig) hat eine begrenzte Lebensdauer. Vom Glühdraht aus Wolfram verdampfen ständig Atome. Der Draht wird also immer dünner und irgendwann bricht er an der dünnsten Stelle.

2. Wann der Draht schließlich bricht, kann man natürlich nicht exakt vorhersagen. Trotzdem lässt sich seine Haltbarkeit «einstellen», etwa indem man ihn dicker oder dünner macht. Ein dickerer Draht hat einen geringeren elektrischen Widerstand, deshalb erhitzt er sich nicht so stark wie ein dünner. Das lässt ihn länger leben, aber er wird natürlich auch nicht so hell. Und zusätzlich sinkt der ohnehin schon armselige Wirkungsgrad der Glühbirne noch weiter ab – eine handelsübliche Birne wandelt nur vier Prozent der elektrischen Energie in Licht um, mit dem Rest heizt man nur die Wohnung.

3. Es gab tatsächlich seit dem 24. 12. 1924 ein internationales «Glühlampenkartell», das wesentlich von den Firmen General Electric (USA), Osram/Siemens (Deutschland) und Associated Electrical Industries (Großbritannien) gesteuert wurde. Dieses Kartell teilte nicht nur die Weltmärkte unter sich auf, sondern traf auch Absprachen darüber, wie lange eine Glühbirne halten soll – seit dem Zweiten Weltkrieg sind das 1000 Stunden. Das ist natürlich eine willkürliche Festlegung. In der Sowjetunion und Ungarn gab es immer Birnen mit längerer Lebensdauer. In den Ländern des früheren Ostblocks gab es genügend elektrische

Energie, aber die industrielle Produktion litt ständig unter Mangelproblemen. Deshalb ließ man die Glühbirnen lieber mehr Strom verbrauchen, dafür musste man sie nicht so oft wechseln. Chinesische Birnen brennen heute noch 5000 Stunden.

4. Der Erfinder Dieter Binninger entwickelte eine Glühbirne mit erheblich längerer Lebenserwartung, die er sich auch patentieren ließ. Seine drei Verbesserungen: erstens eine neue Form des Glühfadens. Zweitens ein edelgasgefüllter Glaskolben. Und drittens eine Diode als «Dimmer». Sie sorgte dafür, dass die Birne nur eine Phase des Wechselstroms ausnutzte und in der anderen keine Energie verbrauchte. Dadurch entstand aber auch ein leichtes Flackern, vergleichbar mit dem von Leuchtstoffröhren.

Durch diese drei Maßnahmen schuf Binninger eine Birne, die nicht nur zwei-, fünf- oder zehnmal länger hielt als eine gewöhnliche. Sagenhafte 150 000 Stunden brannte die Binninger-Birne. Bei durchschnittlicher Nutzung im Haushalt sind das 42 Jahre! Dabei verbrauchte sie für diese Lichtleistung nur etwa 50 Prozent mehr Energie als eine gewöhnliche Birne. Binninger ließ die in Eigenproduktion hergestellten Glühlampen in einem Pilotversuch an Berliner Ampeln testen. Nach dem Fall der Mauer verhandelte er mit der Treuhand über die Übernahme der DDR-Firma Narva. Kurz nachdem er sein Angebot abgegeben hatte, stürzte der Glühbirnen-Revoluzzer 1991 mit einem Privatflugzeug ab.

5. In den neuen Bundesländern werden heute keine Glühlampen mehr hergestellt. Die Glühbirnen der westlichen Welt haben weiterhin eine Lebensdauer von 1000 Stunden.

Bienen müssen sterben, wenn sie Warmblüter stechen

Stimmt. Die Arbeitsbienen (nur sie verfügen über die Verteidigungswaffe) müssen sterben, wenn sie ein Säugetier oder einen Menschen gestochen haben. Ihr Stachel ist mit Widerhaken versehen, die in unserer dicken, flexiblen Haut stecken bleiben. Bei dem Versuch, sich zu befreien, reißt sich die verzweifelte Biene fast immer den gesamten Hinterleib heraus und geht dann an der entstehenden Wunde zugrunde. Wenn sich eine Biene gegen andere Insekten, aber auch gegen Vögel verteidigt, kann sie ihren Stachel dagegen mehrmals verwenden.

Anders liegt die Sache bei Wespen, die viele Menschen nur allzu leicht mit Bienen verwechseln. Die ernähren sich auch von tierischem und menschlichem Eiweiß und sind schon deshalb viel aggressiver. Ihr sehr beweglicher Mehrwegstachel verfügt zwar ebenfalls über Widerhaken, aber Wespen besitzen eine stärkere Hinterleibsmuskulatur als die Biene, erzählt Hermann Geffcken vom Niedersächsischen Landesinstitut für Bienenkunde in Celle.

Dass die friedfertigen Bienen überhaupt den Menschen piksen, ist in aller Regel die fatale Folge eines Missverständnisses. Beispielsweise kann schon der Blütenduft des Haarshampoos die Immen in die Irre führen und die Kamikaze-Reaktion auslösen. Indes bleibt sensiblen Gemütern immerhin ein Trost: Offenbar spüren die Bienen keinen Schmerz, wenn sie mit ihrem Stachel irgendwo hängen bleiben. Zumindest haben Wissenschaftler bisher noch keine Hinweise darauf gefunden. Man kann sogar einer Biene, die gerade an einer Blüte saugt, einen Teil des Hinterleibs abschneiden und sie trinkt unbeirrt weiter.

Die giftgefüllte Blase der Biene kann übrigens noch weiterpumpen, wenn sie samt Stachel aus dem Insekt gerissen wurde.

Man sollte den Stachel auch nicht etwa mit einer Pinzette entfernen, weil man so noch mehr Gift in die Wunde drückt. Die einfachste Methode: mit dem Fingernagel abkratzen.

Register

S 4/2

Christoph Drösser

Stimmt's, Herr Drösser, dass Ihre Bücher süchtig machen?

Stimmt's?
Moderne Legenden im Test
rororo 60728
«Bier auf Wein, das lass sein – Wein auf Bier, das rat ich dir.» Stimmt's? Alltagsweisheiten auf dem Prüfstand.

Stimmt's?
Noch mehr moderne Legenden im Test. rororo 60933

Stimmt's?
Neue moderne Legenden im Test
rororo 61489

Stimmt's?
Freche Fragen, Lügen und Legenden für clevere Kids
rororo 21310
Stimmt's, dass Pinguine umfallen, wenn Flugzeuge über sie hinwegfliegen? Gähnen ansteckend ist? Pupse brennbar sind? Schokolade süchtig macht? Christoph Drösser, Redakteur der «Zeit» und science-Buchautor, macht Schluss mit Lügen und Legenden.

Stimmt's?
Moderne Legenden im Test – Folge 4
Auch nach acht Jahren reißt der Strom der Fragen nicht ab, mit denen die «Zeit»-Leser Christoph Drösser löchern. Hier sind 100 Themen aus den letzten drei Jahren versammelt.

rororo 62064